Mervat Agaibyi

Família da proteína S100 e sua aplicação na prática clínica

Mervat Agaibyi

Família da proteína S100 e sua aplicação na prática clínica

ScienciaScripts

Imprint

Cover image: www.ingimage.com

This book is a translation from the original published under ISBN 978-3-659-82402-9.

Publisher:
Sciencia Scripts
is a trademark of
Dodo Books Indian Ocean Ltd. and OmniScriptum S.R.L publishing group

120 High Road, East Finchley, London, N2 9ED, United Kingdom
Str. Armeneasca 28/1, office 1, Chisinau MD-2012, Republic of Moldova, Europe
Managing Directors: Ieva Konstantinova, Victoria Ursu
info@omniscriptum.com

Printed at: see last page
ISBN: 978-620-8-51534-8

ÍNDICE DE CONTEÚDOS

LISTA DE ABREVIATURAS

ABCG2:	ATP-binding cassette sub-family G member 2
AD:	Alzheimer's disease
AGE:	Advanced Glycation End products
AIF:	Apoptosis-inducing factor
ALDH:	Aldehyde dehydrogenase
BAD:	Bcl-2-associated death promoter
BRCA1:	Breast cancer type 1 (tumor suppressor gene)
cAMP :	Cyclic adenosine monophosphate
CapZ:	Protein that caps the barbed end of action filaments in muscle cells. It is located in the muscle Z band.
COX-2:	Cyclooxygenase-2 or prostaglandin-endoperoxide synthase 2
CRC:	Colorectal cancer
CSCs:	Cancer stem cells
CSF:	Cerebrospinal fluid
CXCL1:	CXC-chemokine ligand 1
E-cadherin:	Epithelial cadherin (tumor suppressor gene)
ECM:	Extracellular matrix
EDC:	Epidermal differentiation complex
EGF:	Epidermal Growth Factor
EMMPRIN:	Extracellular matrix metalloproteinase inducer
EMT:	Epithelial-mesenchymal transition
ERa:	Oestrogen receptor-a
ERK:	Extracellular_signal-regulated_kinase
ESCC:	Esophageal squamous cell carcinoma
GFAP:	Glial fibrillary acidic protein
Gp100:	Glycoprotein 100(is a melanoma antige i.e a tumor-specific antigen).
HCC:	Hepatocellular carcinoma
HMB:	β-hydroxy β-methylbutyrate, is a metabolite
HMB-45:	Monoclonal antibodies specific for human melanoma black 45
HN-CIC:	Head and neck cancer-initiating cells
IDC:	Invasive ductal carcinoma
IFN- γ:	Interferon gamma
IL-6:	Interleukin-6
Jab1:	Jun activation domain-binding protein-1

JNK:	Jun N-terminal kinases
LSCC:	Laryngeal squamous cell carcinoma
MAGEA-3:	Melanoma-associated antigen 3.
MAP:	Mitogen-activated protein
MAPK:	Mitogen-activated protein kinase
Mart-1/MelanA:	Melanoma Antigen Recognized by T-cells
MCF-7:	Michigan Cancer Foundation-7
Melan-A:	Melanocyte antigen.
MIA:	Melanoma-Inhibiting Activity.
Mitf:	Microphthalmia-associated transcription factor
MMPs:	Matrix metalloproteinases
MMSE:	Minimental State Examination
MS:	Multiple sclerosis
NF-κB:	Nuclear factor kappa-light-chain-enhancer of activated B cells
NMIIA:	Non-muscle Myosin IIA
NSCLC:	Non-small cell lung cancer
NSE:	Neuron-Specific Enolase
P38:	Mitogen-activated protein kinases
p53:	Protein 53 or tumor protein 53
PAC:	Pancreatic adenocarcinoma
RAGE:	Receptor for advanced glycation endproducts
ROS:	Reactive oxygen species
RSK:	Ribosomal S6 kinase
RTKN:	Rhotekin
RT-PCR:	Real-time polymerase chain reaction
SAA:	Serum amyloid A
SP:	Side population
SR:	Sarcoplasmic reticulum
TA90- IC:	Tumor-Associated Antigen TA90 Immune Complex Assay
TBI:	Traumatic brain injury
TGF-β:	Transforming growth factor-beta
TME:	Tumor microenvironment
TNFa:	Tumor necrosis factor-alpha
TPA:	Tissue plasminogen activator
VEGF-A:	Vascular endothelial growth factor–A

INTRODUÇÃO

Os iões Ca^{2+} são importantes segundos mensageiros em todas as células vivas. As proteínas de ligação ao Ca^{2+} podem ser divididas, de acordo com a sua função, em dois subgrupos principais. As que se ligam ao Ca^{2+} para regular a concentração intracelular de Ca($^{2+}$) (proteínas tampão e transportadoras de $Ca^{(2+)}$)) e as que se ligam ao Ca^{2+} para descodificar o seu sinal (sensores de $Ca^{(2+)}$)).

A maior parte das proteínas sensoras de Ca^{2+}, como a calmodulina/troponina/superfamília S100, são membros da família das proteínas EF-hand. As proteínas S100 (exceto a S100G, que serve como tampão de Ca2+) servem como moduladores e integradores da sinalização de cálcio e transmitem-na de forma coordenada temporal e espacialmente *(Berridge et al., 2007)*. As S100s também transduzem alterações nos níveis intracelulares de [Ca^{2+}]em respostas celulares através da ligação de Ca^{2+}, da alteração da conformação e da interação e modulação da atividade de outras proteínas (proteínas alvo) *(Zimmer e Weber, 2010)* .

As proteínas S100 pertencem a uma família multigénica de proteínas de ligação ao cálcio do tipo EF- hand (hélice E-loop-hélice F). Estas proteínas são denominadas S100 devido à sua solubilidade numa solução saturada a 100% com sulfato de amónio a pH neutro. São pequenas proteínas ácidas, com 10-12 KDa, e contêm duas mãos EF distintas, 4 segmentos *a-helicoidais*, uma região de charneira central de comprimento variável e os domínios variáveis N e C-terminais.

Atualmente, foram identificadas pelo menos 25 proteínas pertencentes à família das proteínas S100. Os membros da família da proteína S100 são proteínas multifuncionais expressas num espetro diversificado de tecidos e exercem funções intracelulares e extracelulares. Actuam intracelularmente como proteínas sinalizadoras de Ca^{2+} ou proteínas tampão de $Ca^{(2+)}$). No interior das células, estão envolvidas na regulação de uma variedade de processos celulares, como a contração, a motilidade, o crescimento e a diferenciação celulares, a progressão do ciclo celular, a transcrição, a organização estrutural das membranas, a dinâmica dos constituintes do citoesqueleto, a proteção contra danos celulares oxidativos, a fosforilação e a secreção de proteínas *(Santamaria-Kisiel et al., 2006)*. Para modular este tipo de actividades, as proteínas

S100 sofrem alterações conformacionais *(Ikura, 1996)*. Após a ligação ao cálcio, as hélices das proteínas S100 reorganizam-se, revelando uma fenda hidrofóbica, que forma o local de ligação à proteína alvo *(Rustandi et al., 2000)*. Foi demonstrado que alguns membros da S100 ligam Zn^{2+} e Cu^{2+}, o que sugere a possibilidade de a sua atividade biológica ser, em alguns casos, regulada por Zn^{2+} e/ou Cu^{2+}, em vez de por Ca^{2+} *(Schafer et al., 2000)*. A diversificação funcional das proteínas S100 é conseguida através dos seus padrões específicos de expressão em células e tecidos, das suas variações estruturais e das suas várias propriedades de ligação a iões metálicos (Ca^{2+}, $Zn^{(2+)}$) e $Cu^{(2+)}$)), bem como da sua capacidade de formar conjuntos homo, hetero e oligoméricos.

Uma caraterística única desta família de proteínas é que conjuntos maiores de algumas proteínas S100 (hexâmeros, tetrâmeros, octâmeros), quando presentes extracelularmente, actuam como quimioatractores de leucócitos, activadores de macrófagos e moduladores da proliferação celular através da multimerização do Recetor para produtos finais de glicação avançada, RAGE *(Hiratsuka et al., 2006)*.

Outro aspeto importante exclusivo da família da proteína S100 é o facto de a maioria dos genes S100 estar localizada num grupo de genes no cromossoma humano 1q21, que é estruturalmente conservado durante a evolução. Nesta região cromossómica, foram descritos vários rearranjos que ocorreram durante o desenvolvimento de tumores *(Schutte et al., 2001)*. Isto pode estar ligado a uma desregulação da expressão do gene S100 em vários tipos de tumores e está associado a metástases e ao desenvolvimento de tumores *(Barraclough, 1998)*.

Recentemente, as proteínas S100 têm recebido uma atenção crescente devido à sua estreita associação com várias doenças humanas, incluindo a inflamação, a cardiomiopatia, as doenças neurodegenerativas e o cancro.

1. Proteínas S100

Os iões Ca^{2+} são segundos mensageiros importantes em todas as células vivas. As proteínas de ligação ao $Ca^{(2+}$), incluindo os membros da superfamília calmodulina/troponina/S100, mantêm a integridade do sinal de Ca^{2+} e transmitem-no de forma temporal e espacialmente coordenada *(Berridge, 2007)*.

As proteínas S100 constituem uma família multigénica de proteínas de ligação ao cálcio do tipo EF-hand (hélice E-loop-hélice F) **(Fig.1)**. As proteínas S100 são pequenas proteínas ácidas de 1012 kDa, encontradas exclusivamente em vertebrados *(Donato, 2003)*. O primeiro membro foi identificado em 1965 por Moore, que baptizou uma fração subcelular do cérebro de bovinos e a designou assim para denotar a sua solubilidade numa solução saturada a 100% com sulfato de amónio a pH neutro *(Moore, 1965; Zimmer et al., 1995)*.

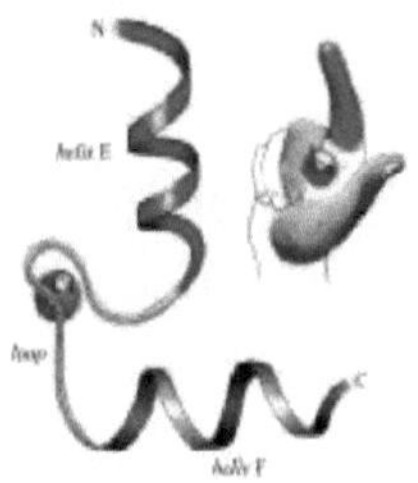

(Fig.1) Diagramas esquemáticos do EF-hnnd

Até à data, foram identificados 25 membros desta família *(Donato, 2009)*. Destes, 21 membros da família (S100A1- S100A18, trico-hialina, filagrina e repetina) têm genes agrupados num segmento de 1,6 Mbp do cromossoma humano 1 (1q21), enquanto outros membros se encontram nos loci cromossómicos 4q16 (S100P), 5q14 (S100Z), 21q22 (S100B) e Xp22 (S100G) *(Engelkamp et al., 1993)*. As proteínas S100 são amplamente expressas numa variedade de tipos de células e tecidos. Por exemplo, a S100A1 e a S100A2 encontram-se no citoplasma e no núcleo, respetivamente, das células do músculo liso do músculo esquelético *(Donato, 2003)*. A S100P está localizada no citoplasma do tecido placentário *(Becker et al., 1992)* e a S100B no citoplasma dos astrócitos do sistema nervoso *(Kligman e Marshak, 1985)*. No entanto, a sua expressão pode ser reprimida noutros tipos de células por factores reguladores negativos que são controlados pelas condições ambientais.

2. Conformação e estrutura

Proteínas S100 de ligação EF-hand Ca2+

Embora as sequências da proteína S100 apresentem alguma variedade, as principais caraterísticas estruturais de todas as proteínas S100 são altamente conservadas *(Fritz e Heizmann, 2004)*. As estruturas determinadas até à data mostram uma arquitetura típica de todas as proteínas S100. Em todas as estruturas de S100 determinadas até à data, com exceção da S100G (calbindina D9k), a proteína S100 existe como um dímero simétrico, com cada monómero contendo duas EF-hands distintas (locais de ligação ao cálcio), 4 segmentos *a-helicoidais*, uma região de charneira central de comprimento variável e os domínios variáveis N- e C-terminal. A seguir ao C-terminal, há uma secção de aminoácidos designada por extensão C-terminal. Os membros da S100 diferem uns dos outros principalmente no comprimento e na sequência da região da dobradiça e da extensão C-terminal, que são assim sugeridos para determinar a atividade biológica de proteínas individuais *(Donato et al., 2013)*.

A ***EF-hand canónica*** C-terminal, que contém o motivo clássico de ligação ao Ca^{2+}, é flanqueada pelas hélices HIII e HIV e é comum a todas as proteínas EF-hand. Este motivo de ligação ao $Ca^{(2+)}$) tem uma assinatura de sequência típica de 12 resíduos de aminoácidos que liga o cálcio de forma semelhante à calmodulina e à troponina-C, resultando num local de maior afinidade pelo cálcio *(Donato, 1986)*. O terminal N, que é específico para as proteínas S100, denominado "***pseudo mão EF***" ou "***específico para S100***", é constituído por 14 resíduos de aminoácidos e é flanqueado pelas hélices HI e HII. A mão EF canónica terminal C liga o cálcio com uma afinidade 100 vezes maior do que a mão EF não canónica terminal N **(Fig.2A)** *(Wright e al., 2005)*. Isto apresenta um cenário intrigante para as proteínas S100 na célula, em que a mão EF C-terminal tem uma afinidade que lhe permitiria ser preenchida durante o influxo de cálcio, enquanto a afinidade do local N-terminal é provavelmente demasiado fraca para ligar o cálcio a qualquer nível apreciável *(Santamaria-Kisiel et al., 2006)*. As afinidades de ligação ao Ca^{2+} são tão baixas que as proteínas são mantidas na sua forma apo (estado livre de $Ca^{(2+)}$)) na célula em repouso, mas a ligação ao Ca^{2+} ocorre quando a concentração de Ca^{2+} aumenta em resposta a estímulos externos (Cormier, 1983).

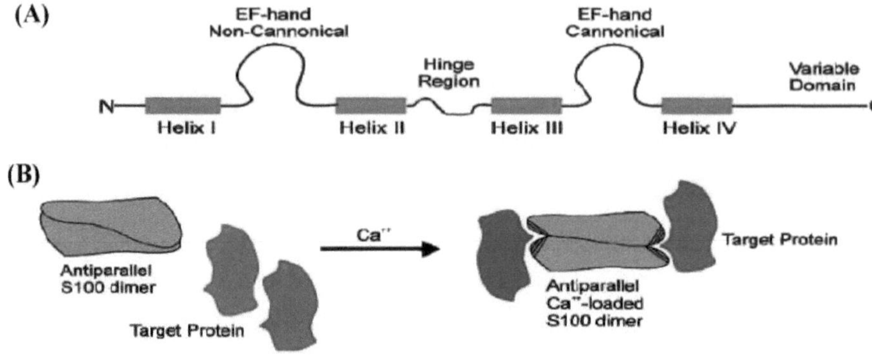

(Fig. 2)(A) A estrutura geral de cada membro da família de proteínas S100. (B) Modelo de interação entre a proteína S100 e a proteína alvo. As proteínas S100 existem como dímeros anti-paralelos. Um aumento da concentração de cálcio provoca uma alteração da conformação do dímero que resulta na exposição de uma fenda, que forma o local de ligação da proteína-alvo

Após a ligação de Ca^{2+}, as proteínas S100 sofrem uma alteração conformacional que se deve principalmente a uma grande reorientação da hélice HIII **(Fig. 2B)** da mão EF clássica, enquanto a hélice HIV, que está envolvida na interface do dímero, não se move. A mão EF do terminal N, flanqueada pelas hélices HI e HII, apresenta apenas pequenas alterações estruturais após a ligação de Ca^{2+}. A alteração conformacional induzida pelo Ca^{2+} abre a estrutura e expõe uma ampla fenda hidrofóbica que representa o local de interação das proteínas S100 com as suas proteínas alvo.

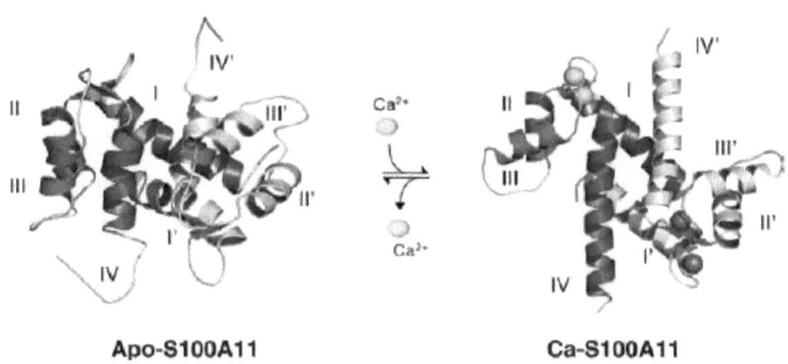

(Fig. 3) Alteração conformacional dependente do cálcio nas proteínas S100 As estruturas

tridimensionais da S100A11 sem cálcio (apo-S100A11) e da S100A11 ligada ao cálcio são apresentadas para demonstrar a alteração conformacional induzida pelo cálcio.

Vários estudos indicam agora que, após a ligação do cálcio, apenas a mão canónica EF- sofre uma grande alteração conformacional envolvendo a hélice III (a hélice de entrada), que é quase paralela à hélice IV (a hélice de saída) no estado apo-, mas quase perpendicular à hélice IV no estado ligado ao $Ca^{(2+)}$ **(Fig.3)**. Esta reorientação da hélice III após a ligação do cálcio é uma caraterística única das proteínas S100, em comparação com outras proteínas que contêm EF-hand, nas quais a hélice de saída (hélice IV) se desloca. Também deve ser mencionado que a extensão da reorientação da hélice III difere entre os membros da família S100 devido principalmente à posição da hélice III em relação à hélice IV no estado apo-.

A alteração conformacional dependente do Ca^{2+} é reconhecida como o gatilho de ativação para a maioria das interações entre a S100 e a proteína-alvo *(Weber et al., 2000; Smith et al., 1998)*. Especificamente, uma grande bolsa hidrofóbica que está enterrada no estado apo- é tipicamente exposta aquando da ligação do cálcio **(Fig.3)** *(Wright et al., 2005)*. Para todas as proteínas S100 caracterizadas até à data, o local de ligação à proteína alvo consiste em resíduos da região da charneira, da hélice HIII e da hélice HIV, e os resíduos nestas áreas da proteína têm a homologia mais baixa entre os membros da família S100 *(Santamaria-Kisiel et al., 2006)*. Assim, a diversidade no local putativo de ligação à proteína-alvo das várias proteínas S100 permite uma ligação específica ao alvo com base na topologia e na composição química da bolsa hidrofóbica. No entanto, embora cada sítio de ligação da S100 seja único, as bolsas são suficientemente semelhantes, em alguns casos, para provocar interações sobrepostas com a proteína-alvo *(Wright e al., 2009)*.

Estudos recentes sugeriram que, na ausência de um alvo, as proteínas S100 ligadas ao Ca2+ existem como uma população de equilíbrio de conformadores dinâmicos com uma afinidade global fraca de ligação ao Ca2+ e que a ligação ao alvo estreita a distribuição para favorecer os subestados S100 com elevadas afinidades para iões Ca2+ *(Liriano et al., 2012)*. Em consequência, a ligação ao alvo é tipicamente dependente de Ca2+. É importante notar que as estruturas tridimensionais dos complexos S100-alvo **(Fig. 4)** revelaram que os membros individuais da família apresentam modos distintos de reconhecimento do alvo devido, em parte, a diferenças nas geometrias da superfície, na distribuição dos resíduos hidrofóbicos e na densidade de carga *(Ramagopal et al., 2013)*. Além disso, alguns membros da família sofrem uma variedade de modificações pós-traducionais, como a modificação oxidativa e a **simulação**, que podem modular a formação do complexo S100-alvo e/ou a localização intracelular *(Bowers et al., 2012)*. As considerações estruturais e bioquímicas são particularmente relevantes para o desenvolvimento de terapias dirigidas aos membros da família S100. É importante salientar que as estruturas 3D das proteínas S100 permitem uma análise extensiva da seletividade do alvo, que pode ser explorada para a descoberta de medicamentos.

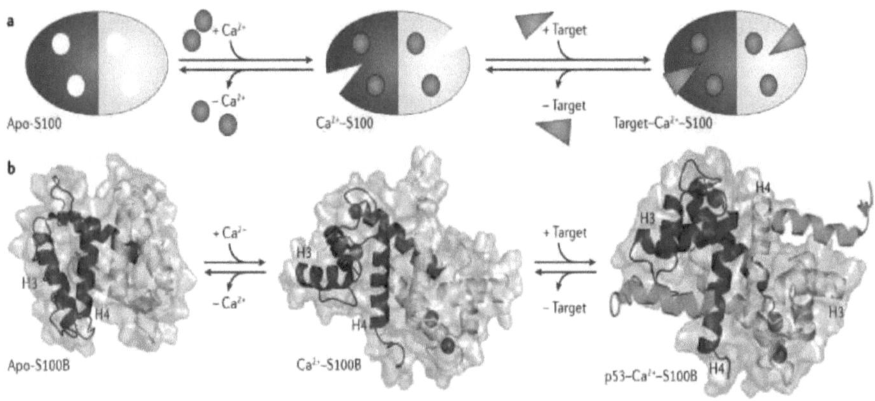

Figura 4. Organização estrutural da proteína S100
a| Proteína Apo-S100 mostrada com uma subunidade azul e uma subunidade amarela. As proteínas S100 são reguladas pela ligação ao Ca2+ (círculos cinzentos), o que lhes permite atuar como sensores de Ca2+ que podem traduzir alterações nos níveis intracelulares de Ca2+ numa resposta celular. A ligação de Ca2+ induz um rearranjo conformacional que expõe uma fenda hidrofóbica, permitindo que a proteína S100 se ligue aos seus alvos celulares (verde) e provoque uma resposta fisiológica. **b|** Diagramas de fita e de superfície de apo-S100B, Ca2+ -S100B e do complexo peptídico Ca2+ - S100B-p53. As subunidades individuais são mostradas a azul e amarelo, os iões Ca2+ são mostrados como esferas cinzentas escuras e o péptido TP53 é mostrado a verde. O rearranjo conformacional que ocorre após a ligação de Ca2+ é referido como "Ca2+ switch" e envolve a reorientação da hélice 3 (H3) e a subsequente exposição de resíduos hidrofóbicos que participam na ligação à proteína alvo.

3. Propriedades estruturais das proteínas S100

Monómeros, dímeros e multímeros

Nos últimos 10 anos, foram determinadas as estruturas tridimensionais das proteínas S100 nos estados sem cálcio (apo) *(Arnesano et al., 2005),* ligado ao cálcio *(Zhang et al., 2003)* e ligado ao alvo *(Bhattacharya et al., 2003).*

As proteínas S100 formam homo e heterodímeros em solução *(Fritz e Heizmann, 2004).* Apenas uma única proteína da família S100, a S100G (calbindina 3), ocorre como monómero. Esta diferença estrutural também se reflecte na sua função. Nomeadamente, em contraste com todas as outras proteínas S100 conhecidas, a S100G não actua como uma proteína de sinalização, mas sim como uma proteína tampão de cálcio. Assim, parece que a organização dimérica das proteínas S100 é necessária para a sua função de sinalização. Mesmo oligómeros mais elevados, como tetrâmeros, hexâmeros e octâmeros, que foram descritos para S100A8/A9, S100A12 e S100B, podem ser necessários para a sua função citocinética extracelular.

Recentemente, foi demonstrado que apenas uma forma multimérica de S100A4 tem atividade de formação de neurites *(Kiryushko et al., 2000).* No caso da S100A8/A9, foi demonstrado que é necessário um tetrâmero induzido por $Ca^{(2+)}$ *(Korndorfer et al., 2007)* para que a sua atividade promova a formação de microtúbulos *(Leukert et al., 2006).* No caso da S100A12, foi demonstrado que iões Ca^{2+} adicionais desencadeiam a formação de uma espécie hexamérica. Foi proposto que os multímeros maiores, em particular, são essenciais para desencadear a agregação do recetor de produtos finais de glicação avançada (RAGE), activando assim cascatas de sinalização intracelular *(Moroz et al., 2002).*

Recentemente, foi demonstrado que a S100B tetramérica pode ligar-se a dois receptores RAGE e desencadear a dimerização do recetor *(Moroz et al., 2002).* O mais notável foi o facto de a S100B dimérica e tetramérica apresentarem efeitos diferentes na ativação celular. A S100B tetramérica induziu uma proliferação celular muito mais rápida e sustentada do que a S100B dimérica; além disso, a S100B tetramérica apresentou propriedades anti-apoptóticas através da inibição da caspase 3/7, promovendo assim a sobrevivência celular.

No entanto, uma caraterística comum às três estruturas multiméricas das proteínas S100 é a ocorrência de iões Ca^{2+} para além dos iões ligados às EF-hands. Estes iões Ca^{2+} adicionais estão ligados à interface das subunidades, presumivelmente estabilizando as estruturas maiores. Esta descoberta implica que concentrações elevadas de $Ca^{(2+)}$ podem ser necessárias para a formação dos multímeros da proteína S100. Em particular, estão presentes elevadas concentrações de Ca^{2+} no espaço extracelular, onde S100A8/A9, S100A12 e S100B actuam como moléculas de sinalização pró-inflamatórias através do recetor RAGE *(Hizmann e Gunter, 2010).*

4. Funções das proteínas S100

Os membros da família da proteína S100 são proteínas multifuncionais expressas num espetro diversificado de tecidos. Foi demonstrado que as proteínas S100 têm funções intracelulares e extracelulares.

Funções intra e extracelulares das proteínas S100

Uma das propriedades mais invulgares de algumas proteínas S100 é a sua ocorrência na célula e no espaço extracelular. Embora funcionem como moléculas de sinalização dependentes do cálcio no interior da célula, actuam como citocinas quando segregadas no espaço extracelular. Algumas proteínas S100, como a S100A12 e o heterodímero S100A8/A9, têm uma função exclusivamente extracelular e medeiam sinais inflamatórios. Outras proteínas S100, como a S100B ou a S100A6, têm funções intracelulares e extracelulares **(Fig.9)**. Esta variedade de funções *(Sedaghat e Notopoulos, 2008)* parece dever-se a:

a. ampla diversificação dos diferentes membros; por exemplo, no ser humano existem 25 membros que têm 22% a 57% de identidade de sequência e variam entre 79 e 114 resíduos de aminoácidos

b. Diferentes propriedades de ligação a iões metálicos de cada uma das proteínas S100.

c. distribuição espacial em compartimentos intracelulares específicos ou no espaço extracelular, e

d. A sua capacidade de formar homo e heterodímeros não covalentes, oligoméricos que permitem a troca dinâmica das subunidades S100.

Função intracelular das proteínas S100:

As proteínas **S100** não apresentam atividade catalítica intrínseca. No entanto, são proteínas sensoras de cálcio e, através da interação com várias proteínas intracelulares efectoras, contribuem para a regulação de uma vasta gama de funções, como a contração, a motilidade, o crescimento e a diferenciação celulares, a progressão do ciclo celular, a organização de elementos do citoesqueleto associados à membrana, a sobrevivência celular, a apoptose, a fosforilação de proteínas e a secreção *(Donato, 1999; Donato, 2001; Donato, 2009)*. Muitos dos membros da família S100 têm um papel na modulação da dinâmica do citoesqueleto. Mais uma vez, muitos dos membros da família S100 apresentam uma notável diversidade de funções, exibindo uma interação direta com tubulinas, filamentos intermédios, actina, miosina e tropomiosina *(Santamaria-Kisiel, 2006)*. Alguns destes processos têm sido implicados na mediação de metástases *(Donato, 2003)*. Foi também demonstrado que vários membros da família S100 desempenham um papel na modulação da proliferação, tendo sido demonstrado que tanto a S100A1 como a S100A11 inibem a proliferação celular *(Donato, 2001)*.

A S100B é expressa predominantemente em astrócitos, oligodendrócitos e células de Schwann. A S100B tem efeitos intracelulares e extracelulares *(Donato et al., 2009)*. A nível intracelular, a S100B regula a dinâmica do citoesqueleto através da desmontagem dos filamentos de tubulina, dos filamentos intermédios do tipo III *(Donato et al., 2009)* e da ligação a proteínas fibrilares como a CapZ *(Killby et al., 1997)* ou da inibição da fosforilação da GFAP quando estimulada por cAMP ou cálcio/calmodulina *(Frizzo et al., 2004)*. A S100B interage de forma dependente do cálcio com o domínio citoplasmático da glicoproteína associada à mielina e inibe a sua fosforilação pela proteína cinase *(Kursula et al., 2000)*. Está implicada na fosforilação da proteína tau *(Baudier e Cole, 1988)*, na homeostase do Ca^{2+} *(Donato, 2001)*, na inibição da atividade da quinase Ndr e na inibição da fosforilação da p53 *(Markowitz et al., 2005)*.

Regulação por Ca^{2+}

Várias proteínas S100 apresentam interações dependentes de Ca^{2+} com enzimas metabólicas (S100A1 e S100B com aldolase C) *(Zimmer e Van Eldik 1986)*, com cinases (S100B com Ndr ou Src cinases) *(Brozzi et al, 2009)*, com proteínas do citoesqueleto (S100A1 com tubulina, S100B com CapZ e S100P com ezrina) *(Wright et al., 2009)* ou com proteínas de ligação ao ADN (S100A2, S100A4 e S100B interagem com p53) *(Mueller et al., 2005)*. Consequentemente, as proteínas S100 intracelulares estão envolvidas na regulação do ciclo celular, do crescimento e diferenciação celulares, da migração, da homeostase do cálcio, da motilidade celular e de outros processos importantes.

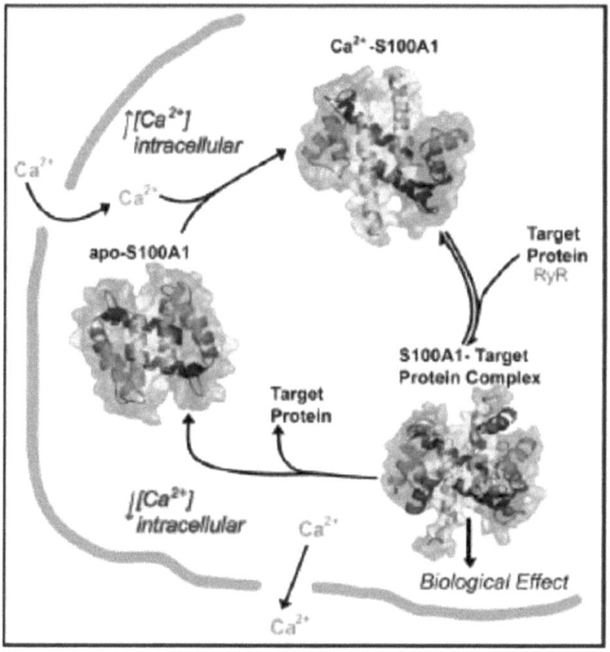

(Fig. 5): Modo de ação da S100A1 que demonstra a alteração conformacional dependente de Ca2+ necessária para a S100A1 interagir com as suas moléculas-alvo. Na forma apo da proteína, a fenda hidrofóbica está enterrada, ocluindo os resíduos de ligação ao péptido alvo. Estes mesmos resíduos são expostos aquando da adição de cálcio.

Para modular este tipo de actividades, as proteínas S100 sofrem alterações conformacionais *(Ikura, 1996)*. Após a ligação do cálcio, as hélices das proteínas S100 reorganizam-se, revelando uma fenda hidrofóbica, que forma o local de ligação da proteína alvo **(Fig.5)** *(Rustandi et al., 2000)*.

Regulação por Zn^{2+} ou Cu^{2+}

Foi demonstrado que alguns membros da S100 ligam Zn^{2+} e Cu^{2+}, o que sugere a possibilidade de a sua atividade biológica ser, em alguns casos, regulada por Zn^{2+} e/ou Cu^{2+} e não por Ca^{2+} *(Schafer et al., 2000)*. Muitas proteínas S100 ligam Zn^{2+} para além de Ca^{2+} com elevada afinidade. No entanto, a maior parte das constantes de dissociação 2+ do Zn(2+) registadas situam-se na gama micromolar em relação a concentrações nanomolares de Zn^{2+} livre

(1 a 5nM) no citoplasma. Devido a esta baixa concentração intracelular, a ligação do Zn^{2+} à maioria das proteínas S100 no citoplasma é pouco provável, como demonstrado para a S100B e a S100A6 *(Fritz et al., 2002)*. No entanto, a ligação intracelular de Zn^{2+} pode ocorrer em algumas vesículas que contêm Zn^{2+} em concentrações micromolares a milimolares ou no espaço extracelular onde a concentração de Zn^{2+} se situa na gama micromolar *(Perrin e Watt, 1971)*. Um exemplo de reconhecimento de uma proteína-alvo independente do Ca^{2+}mas dependente do Zn^{2+}é a interação da S100B com a proteína tau (inibição da fosforilação da proteína tau pela proteína quinase II) *(Yu e Fraser, 2001)*. A ligação do Cu^{2+} à S100B pode ter uma função neuroprotectora. A S100B bovina, que é altamente expressa no cérebro, pode sequestrar eficazmente o Cu^{2+} e suprimir os danos celulares induzidos pelo Cu^{2+} *(Yu e Fraser, 2001)*. Considera-se que as proteínas de ligação ao cálcio e ao zinco S100A9 e S100A8, abundantes nas células mielóides, desempenham papéis importantes tanto na sinalização do cálcio como na homeostase do zinco, mas não funcionam como proteínas tampão do cálcio nem do zinco nos granulócitos *(Nacken et al., 2003)*.

Função extracelular das proteínas S100:

Cada vez mais provas indicam que, para além das actividades intracelulares, as formas multiméricas das proteínas S100 (por exemplo, S100B, S100A1, S100A4, S100A8 e S100A9) apresentam funções extracelulares. Alguns membros da família actuam como quimioatractores de leucócitos, activadores de macrófagos e moduladores da proliferação celular *(Hiratsuka et al., 2006)*. O mecanismo de secreção de S100 ainda é desconhecido. É de salientar que todas as proteínas S100 não possuem uma sequência de sinalização secretora e, no caso da S100B e do heterodímero S100A8/A9, foi demonstrado que as proteínas não são secretadas através da via clássica do Golgi *(Davey et al., 2001)*. Enquanto a secreção de S100A8/A9 depende da tubulina, a secreção de S100B é independente da tubulina. Este facto aponta para vias de exportação específicas para os diferentes membros da família de proteínas S100. Por exemplo, o heterodímero S100A8/A9 actua como molécula quimiotáctica na inflamação *(Newton e Hogg, 1998),* ao passo que a S100B apresenta propriedades neurotróficas

(Huttumen et al., 2000) e a S100A4 tem efeitos angiogénicos *(Ambartsumian et al., 2001).*

Foi recentemente identificada uma forma de mediar estas actividades extracelulares: Várias proteínas S100 ligam-se ao domínio extracelular de RAGE (o recetor de produtos finais de glicosilação avançada), activando assim uma cascata de sinais intracelulares que inclui a MAP-quinase e o NFκB *(Hullunen et al., 2000).*

Os processos desencadeados pela ativação de RAGE dependem do tipo e da concentração das proteínas S100. Os processos induzidos pelas proteínas S100 vão desde a extensão da neurite nos neurónios, a sobrevivência celular ou a apoptose das células da glia e dos neurónios, a produção de citocinas pró-inflamatórias nas células endoteliais e o crescimento metastático das células tumorais. A interação da S100B com o RAGE 2+ é estritamente dependente do Ca^{2+}, ou seja, a interação requer a alteração conformacional da mão EF. É interessante notar que as proteínas S100B, S100A7, S100A8/A9 e S100A12, que desempenham funções extracelulares importantes, partilham um local de ligação ao Zn^{2+} conservado (Hizmann e Gunter, 2010) **(Fig.6)**.

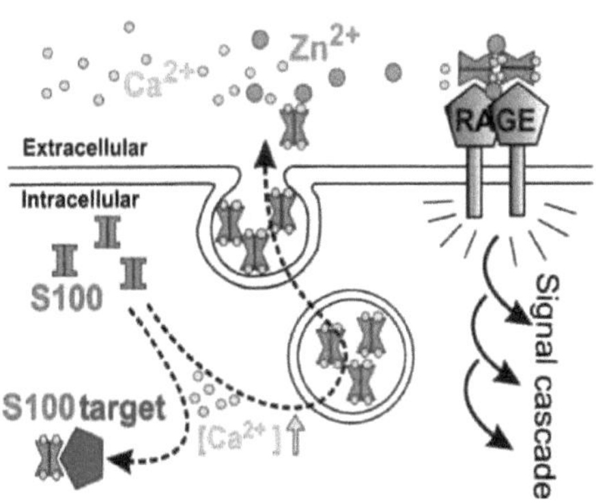

O RAGE é um recetor multiligando da superfamília das imunoglobulinas de moléculas de superfície celular envolvidas na resposta imunitária inata e que reconhece múltiplos ligandos, incluindo o produto final glicado avançado (AGE), a anfoterina, o péptido *amiloide-β* e as fibras *β*, S100A12, S100A6 e S100B *(Donato, 2007);* no entanto, o RAGE também desempenha um papel no desenvolvimento dos tecidos *(Rauvala e Rouhiainen, 2010)* **(Fig. 7)**.

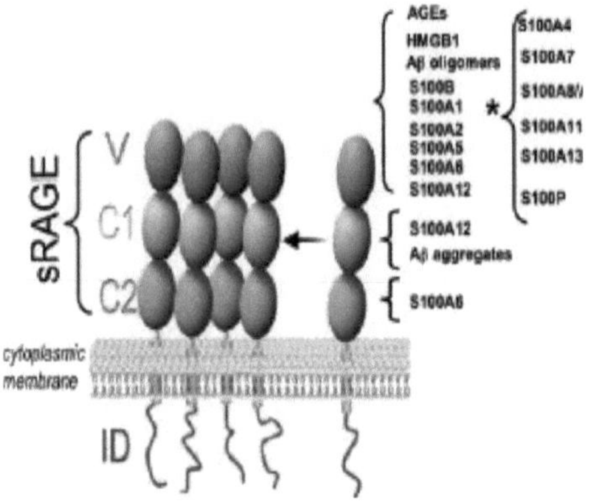

(Fig.7) Representação esquemática do RAGE. A parte extracelular inclui três domínios semelhantes a imunoglobulinas, os domínios V, C1 e C2.* indica que o domínio RAGE onde a S100 se liga não é conhecido.

Quando S100A7, S100A8, S100A9, S100A12 ou S100B são segregados em resposta a danos ou ativação celular, tornam-se sinais de perigo, activando outras células imunitárias e endoteliais. Por conseguinte, foram definidas como **moléculas de padrão molecular associado ao dano (DAMP) na imunidade inata** *(Ehrchen et al., 2009)*. O complexo S100A8/A9 representa até 40% do total de proteínas citosólicas nos neutrófilos e as S100A8/A9 segregadas, bem como as S100A12, encontram-se em concentrações elevadas nos tecidos inflamados, produzindo fortes efeitos pró-inflamatórios. As S100A8 e S100A9 activam o recetor Toll-like 4, actuando como amplificadores inatos da inflamação e do cancro *(Loser et al., 2010)* com implicação direta na metastização *(Hiratsuka et al., 2008)*. Recentemente, foi demonstrado num modelo de ratinho que, através da ativação do recetor Toll-like 4, S100A8 e S100A9 induzem o desenvolvimento de autoimunidade sistémica *(Loser et al., 2010)*.

S100B extracelular

A S100B também pode ser segregada por vários tipos de células (por exemplo, astrócitos, células gliais) *(Van Eldik e Zimmer, 1987)*. Os astrócitos e as células gliais segregam S100B, através de um sistema complexo que envolve alterações na concentração de cálcio intracelular *(Van Eldik e Zimmer, 1987)*. A S100B após secreção, ou simplesmente fuga de células danificadas, pode acumular-se no espaço extracelular e/ou entrar na corrente sanguínea e no líquido cefalorraquidiano *(Portela et al., 2002)*. A ação da S100B está fortemente dependente da sua concentração extracelular.

Em quantidades nanomolares (concentrações fisiológicas), tem efeitos tróficos no crescimento dos neurónios; contudo, em concentrações micromolares, promove a apoptose *(Huttunen et al., 2000). Tal como,* a baixas concentrações, a S100B protege as células neuronais contra a toxicidade do β-amiloide através do envolvimento de RAGE *(Businaro et al., 2006).* No entanto, concentrações elevadas de S100B provocam uma estimulação excessiva de RAGE nas células neuronais, resultando na produção excessiva de espécies reactivas de oxigénio (ROS), a causa final da apoptose *(Huttunen et al., 2000)* (**Fig.8**). Estes níveis extracelulares elevados são detectados após uma lesão cerebral ou em doenças neurodegenerativas como a síndrome de Down, a doença de Alzheimer ou a encefalite *(Griffin et al., 1998).* Os efeitos tróficos e tóxicos da S100B extracelular são mediados no cérebro por RAGE *(Huttunen et al., 2000).* A S100B extracelular desempenha um papel na neuroinflamação. De facto, foi demonstrado que o S100B ativa a microglia, os macrófagos residentes no cérebro, embora apenas em concentrações elevadas. *Sorci et al., 2010* sugerem que a S100B elevada estimula a quimiotaxia microglial através da indução dependente de RAGE e da secreção de determinadas quimiocinas.

Para além de desempenhar um papel importante na fisiologia cerebral *(Donato e al., 2009).* A S100B tem sido implicada no desenvolvimento cardiovascular *(Tsoporis et al., 2010)* e é considerada um marcador bioquímico de lesões cerebrais após cirurgia de bypass e cardiomiopatia dilatada *(Mazzini et al., 2007).*

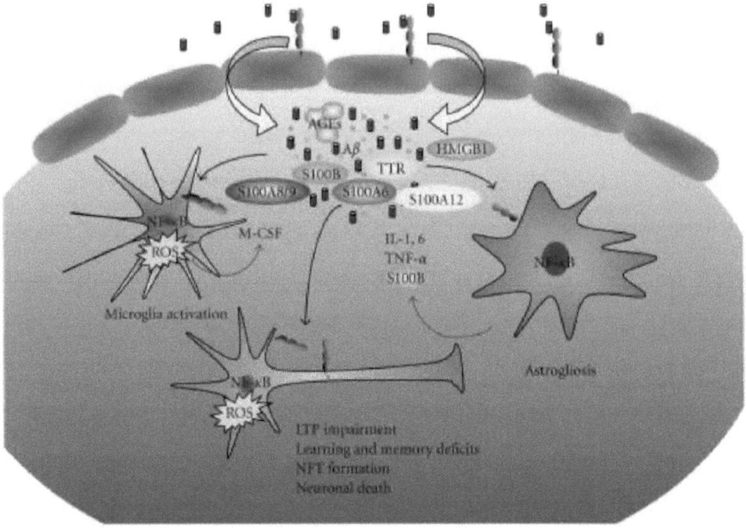

(Fig. 8) Via de transdução de sinal entre S100B/RAGE/ e NF-KB. O RAGE é ativado inicialmente pelo S100B, que inicia um ciclo de feedback positivo para ativar continuamente as proteínas S100B que activam a transcrição do gene NF-KB que liberta citocinas inflamatórias.

A S100B extracelular também desempenha um papel na miogénese. O S100B inibe a diferenciação de mioblastos *(Sorci et al., 2003)* e estimula a proliferação de mioblastos e reduz a sua apoptose *(Riuzzi et al., 2006)*. Surpreendentemente, estes efeitos são independentes da sinalização RAGE, apesar de os mioblastos expressarem RAGE *(Sorci et al., 2003)*.

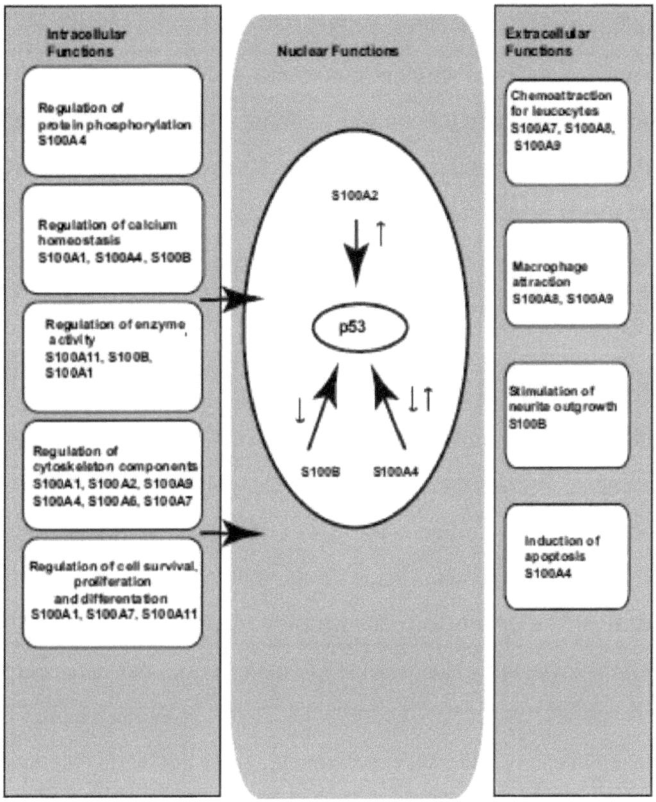

(Fig. 9) Representação esquemática das actividades intracelulares e extracelulares reguladas pelas proteínas S100 de uma forma dependente do Ca2+ , (N denota o núcleo).

5. ASSOCIAÇÕES COM DOENÇAS HUMANAS E DIAGNÓSTICOS

Cada membro da família da proteína S100 apresenta um padrão de expressão caraterístico e único nas células normais, que se encontra desregulado numa vasta gama de doenças humanas. Este facto fez com que as proteínas S100 individuais se tornassem valiosos marcadores de diagnóstico para várias doenças humanas. As doenças associadas a níveis de expressão alterados das proteínas S100 podem ser classificadas em quatro categorias: doenças do sistema nervoso central, doenças do coração, doenças inflamatórias e cancro **(Quadro 1)**.

1. Perturbações neurológicas

A S100B, que é a principal proteína S100 no cérebro, foi o primeiro gene *S100* a ser geneticamente modificado. Uma vez que a proteína S100B é produzida principalmente por astrócitos, oligodendrócitos e células de Schwann, a sua expressão aumentada - bem como a da proteína ácida fibrilar glial (GFAP) - representa uma marca da ativação astrocítica e da ativação dos neuritos *(Sedaghat e Notopoulos, 2008)*. É menos específica dos astrócitos do que a GFAP, uma vez que está localizada em muitos tipos de células neurais *(Steiner et al., 2007)*. Os efeitos autócrinos da proteína S100B nos astrócitos (regulação positiva da expressão de IL-6 e TNF-alfa) são mediados pela sua interação com RAGE *(Ponath et al., 2007)*. A secreção de S100B é um processo precoce durante a resposta glial à lesão metabólica (privação de oxigénio, soro e glicose) *(Gerlach et al., 2006)*. A relação entre as condições de stress (traumas cerebrais, rutura da barreira hemato-encefálica, isquemia) e os níveis séricos de S100B parece ser independente dos glucocorticóides *(Scaccianoce et al., 2004)*.

Os traumatismos crânio-encefálicos (TCE) provocam uma fuga selectiva de S100B para o líquido céfalo-raquidiano (LCR) e depois para o sangue, tendo-se verificado que as medições dos níveis de S100B são bons indicadores para a avaliação de doentes com isquemia cerebral devida a acidente vascular cerebral *(Ettinger et al., 1999)*. Após lesões cerebrais traumáticas ligeiras, as concentrações aumentadas de S100B e S100A1B ocorrem em 31% e 48% dos doentes, sem associação significativa com sintomas ou sinais de deficiência cognitiva *(de Boussard et al., 2005)*. Dado que as fontes extracerebrais de S100B, nomeadamente os adipócitos ou os condrócitos, contribuem para os seus níveis séricos, é necessário ter cuidado ao interpretar o aumento da S100B sérica como um marcador clínico de lesão cerebral *(Netto et al., 2006)*. Também deve ser notado que os níveis séricos de S100B dependem da integridade da barreira hemato-encefálica. Assim, o seu aumento precoce após o TCE pode ser atribuído quer à descarga mecânica de uma barreira hemato-encefálica destruída, quer à expressão ativa por um cérebro envolvido numa reação inflamatória sistémica. O papel da S100 no TCE coloca alguns desafios, uma vez que a investigação recente fornece provas crescentes de que a S100B pode diminuir a lesão neuronal e/ou contribuir para a reparação após o TCE, desencadeando eventos de reparação de feridas na fronteira do trauma e exercendo acções tróficas parácrinas nas regiões adjacentes *(Ellis et al 2007)*.

Os níveis aumentados de S100B e GFAP após uma hemorragia subaracnóidea espontânea correlacionam-se bem com a gravidade clínica e neuroimagiológica da doença, contribuindo para uma melhor avaliação inicial e acompanhamento *(Vos et al., 2006)* e são bons preditores do resultado *(Oertel et al., 2006)*. Níveis séricos de S100B superiores a 0,3µg/l na admissão destes doentes estão associados a um desfecho desfavorável. Estes níveis elevados também são observados em doentes que sofrem de doenças neurodegenerativas crónicas, como a doença de Alzheimer *(Li et al., 1998)*, a síndrome de Down ou a esclerose múltipla. Curiosamente, em doentes que sofrem de esclerose lateral amiotrófica, a concentração de S100B está diminuída *(Sussmuth et al., 2003)*, enquanto a expressão de S100A6 está muito aumentada *(Hoyaux et al., 2000)*.

Não foram registadas flutuações clinicamente significativas dos níveis séricos de S100B em doentes com esclerose múltipla (EM). Nos doentes com EM, o nível de S100B no líquido cefalorraquidiano (LCR) está aumentado e correlaciona-se com a ferritina no LCR *(Rejdak et al., 2008)*.

2. Doenças cardíacas

A S100A1 é específica e altamente expressa no miocárdio dos mamíferos, onde modula o desempenho contrátil do coração através da interação com filamentos contrácteis e com proteínas do retículo sarcoplasmático (SR). Também aumenta a libertação de cálcio do retículo sarcoplasmático através da interação com o recetor de rianodina. A S100A1 é regulada positivamente na hipertrofia do ventrículo direito *(Ehlermann et al., 2000)* e negativamente na insuficiência cardíaca terminal *(Reppis et al., 1996),* indicando uma correlação entre a expressão da S100A1 e o desempenho contrátil. Em doentes com isquemia miocárdica aguda, foi observado um aumento da concentração plasmática de S100A1, o que pode estar associado a um papel da S100A1 como fator cardioprotector com função anti-apoptótica *(Most et al., 2003).* Assim, as proteínas S100 podem regular diferencialmente a estrutura e a função do miocárdio *(Tsoporis et al., 2010).* A elevação da S100 por si só aumenta o risco de morte e de estado vegetativo persistente em 12,6 vezes *(Pfeifer et al., 2005).* Sabe-se que o processamento do sangue pericárdico derramado com um dispositivo de poupança de células ajuda a prevenir a microembolização lipídica e a proteger da disfunção eurocognitiva após o bypass cardiopulmonar, o que pode estar associado à redução da libertação de S100B observada quando este método é realizado *(Carrier et al., 2006).*

3. Doenças inflamatórias

Três membros da família S100, S100A8, S100A9 e S100A12, são predominantemente expressos em fagócitos e estão fortemente associados a funções pró-inflamatórias. São segregadas especialmente nos locais de inflamação, onde a S100A8 e a S100A9 induzem a quimiotaxia e a adesão dos neutrófilos *(Ryckman et al., 2003).* A S100A12 actua através da interação com RAGE, resultando na secreção de mediadores pró-inflamatórios *(Hofmann et al., 1999).* As concentrações séricas destas proteínas S100 estão correlacionadas com a atividade da doença inflamatória *(Foell et al., 2004);* foram identificados níveis elevados em várias doenças inflamatórias, como a artrite reumatoide, a bronquite crónica e a fibrose quística. Uma hiperzincaemia com evidência de inflamação sistémica que coincide com concentrações elevadas de S100A8/S100A9 *(Sampson et al., 2002)* pode ser o resultado das propriedades de ligação ao zinco destas proteínas. Por último, as proteínas S100A8, S100A9 e S100A12 estão reguladas positivamente nas lesões psoriáticas *(Broome et al., 2003)*.

Além disso, na psoríase, a S100A7 *(Broome et al., 2003)* e a S100A15 *(Wolf 2003)* estão sobreexpressas, o que sugere um papel destas proteínas na patogénese da doença. A sobreexpressão da S100A7 (que actua como agente quimiotático derivado dos queratinócitos para as células imunitárias) também é observada em muitas doenças inflamatórias epidérmicas, como a dermatite atópica, a micose fungóide e a doença de Darier *(Eckert et al., 2004)*. Os fármacos antialérgicos que se ligam à S100A12 podem bloquear a interação entre a proteína S100 e a RAGE *(Shisshibori et al., 1999), o que* implica uma abordagem promissora da terapia anti-inflamatória *(Morbini et al., 2006)*.

4. Doenças neoplásicas

Diferentes formas de cancro apresentam alterações dramáticas na expressão das proteínas S100, tais como S100B, S100A2, S100A4, S100A6 e S100P *(Remppis et al., 2004)*. Estas alterações podem ser causadas por rearranjos e deleções na região cromossómica 1q21, que são frequentemente observados em células tumorais.

Várias proteínas S100 interagem com a p53 *(Mueller et al., 2005)*, mas exercem efeitos diferentes na atividade da p53. Pensa-se que tanto a S100A4 como a S100B inibem a fosforilação da p53, o que leva à inibição da sua atividade transcricional, comprometendo assim a atividade supressora de tumores da p53 *(Grigorian et al., 2001)*. Em contrapartida, a S100A2 promove a atividade transcricional da p53 *(Mueller et al., 2005)* e, curiosamente, a S100A4 também foi documentada como potenciadora da apoptose dependente da p53. Assim, o equilíbrio das acções das diferentes proteínas S100 numa célula determinará a sua função. É evidente que algumas proteínas S100 actuam como promotoras de tumores e outras como supressoras de tumores, existindo uma especificidade tecidular requintada nas suas acções.

6. A FUNÇÃO DA FAMÍLIA DE PROTEÍNAS S100 NO CÂNCER

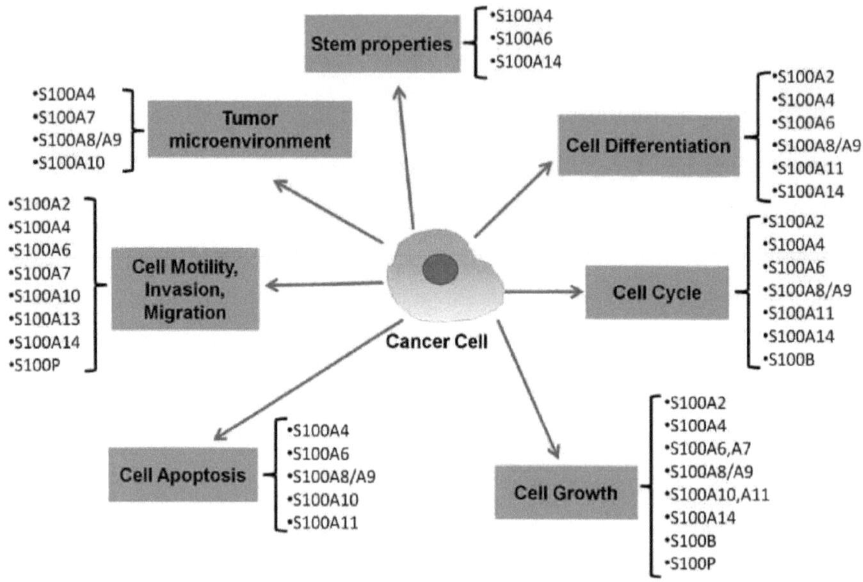

Figura (10):. As proteínas S100 podem ter papéis importantes em diferentes fases dos processos tumorigénicos. As proteínas S100 estão envolvidas em muitos aspectos das caraterísticas fenotípicas do cancro, incluindo a regulação da diferenciação celular, a progressão do ciclo celular, a proliferação celular, a apoptose celular, a motilidade celular, a invasão e a migração, o microambiente tumoral e as células estaminais cancerígenas (CSC), etc.

O crescimento descontrolado das células e a invasão/metástase são dois aspectos caraterísticos do cancro. A proliferação celular aberrante, as perturbações dos programas de diferenciação, a perda da apoptose normal, o aumento da angiogénese/invasão/metástases e a evasão do sistema imunitário contribuem para o fenótipo maligno do cancro *(Hanahan et al., 2011)*. As proteínas S100 possuem uma vasta gama de funções biológicas que podem alterar e regular as principais caraterísticas fenotípicas do cancro. *Chen et al., 2014* concentram-se principalmente em vários membros importantes e bem estudados da família da proteína S100 e resumem as principais funções das proteínas S100, incluindo proliferação, apoptose, metástase, microambiente tumoral e células estaminais cancerígenas, que são centrais para as proteínas S100 com desenvolvimento e progressão do tumor (Figura 10).

A associação entre as proteínas S100 e a diferenciação das células cancerígenas

Uma das caraterísticas de muitos cancros humanos é a perturbação da regulação da diferenciação *(Tenen 2003)*. A maioria das proteínas S100 de ligação ao cálcio estão agrupadas em na região cromossómica 1q21, constituindo componentes importantes do complexo de diferenciação epidérmica (EDC) *(Mischke et al., 1996)*. Por conseguinte, as proteínas S100 estão envolvidas no processo de diferenciação terminal da epiderme humana e implicadas em várias doenças, incluindo o cancro. Por um lado, alguns níveis de expressão das proteínas S100 estão correlacionados com a diferenciação tumoral. Por exemplo, a expressão elevada de S100A11 foi associada à diferenciação histológica do adenocarcinoma pancreático (PAC) *(Xiao et al., 2012)* e a regulação negativa ou ausência de S100A14 correlacionou-se com a fraca diferenciação do cancro colorrectal (CRC) e do carcinoma de células escamosas do esófago (ESCC) *(Chen et al., 2013)*. Por outro lado, alguns níveis de expressão das proteínas S100 estão correlacionados com a desdiferenciação tumoral. Por exemplo, a expressão de níveis elevados de S100A4 está associada a uma fraca diferenciação no PAC e no ESCC *(Zhang et al., 2012)*. E a S100A6 pode atuar como um preditor de má diferenciação no carcinoma hepatocelular (CHC) *(Hua et al., 2011)*. Além disso, algumas proteínas S100 podem mesmo apresentar uma correlação inversa com a diferenciação tumoral dependente do tipo de cancro. Por exemplo, a subexpressão da proteína S100A2 foi associada a uma fraca diferenciação tumoral no carcinoma de células escamosas da laringe (LSCC) e no ESCC *(Cao et al., 2009)*. Por outro lado, os níveis de expressão de S100A2 estão negativamente associados à diferenciação de linhas celulares de cancro do pâncreas *(Ohuchida et al., 2007)*. Um estudo anterior mostra que a perda de expressão de S100A8/S100A9 em ESCC está correlacionada com uma diferenciação deficiente *(Kong et al., 2004)*. Em contrapartida, a co-expressão de S100A8/S100A9 correlaciona-se com uma fraca diferenciação tumoral no carcinoma ductal invasivo da mama (IDC) *(Arai et al., 2008)*. E a sobreexpressão de S100A9 também está associada à fraca diferenciação do adenocarcinoma pulmonar, do IDC e dos carcinomas do fígado *(Arai et al., 2004)*. Em conjunto, estes dados sugerem que a expressão das proteínas S100 está correlacionada com a diferenciação tumoral.

Proteínas S100 na proliferação de células cancerígenas

As proteínas S100 no ciclo celular e na proliferação celular

A desregulação do ciclo celular consiste em alterações fundamentais no controlo da divisão celular, resultando numa proliferação celular desordenada. Várias proteínas S100 têm sido implicadas na desregulação da proliferação, em particular as S100A1, S100A4, S10-0A6, S100A8/A9 e S100A14, que são talvez as proteínas S100 mais bem estudadas em cancros humanos. As proteínas S100 exercem as suas acções através de proteínas-alvo específicas. Em alguns casos, as proteínas S100 partilham as suas proteínas-alvo e, por conseguinte, contribuem para uma atividade idêntica. Por exemplo, as proteínas S100 extracelulares podem interagir com RAGE que resulta na ativação da sinalização MAPK e NF-κB. Além disso, as proteínas S100 também estão envolvidas na regulação da sinalização do Fator de Crescimento Epidérmico (EGF). As proteínas S100 intracelulares podem interagir com p53, afetando assim a atividade transcricional de p53 e a regulação e proliferação do ciclo celular mediada por p53 *(Chen et al., 2014).*

As proteínas S100 na apoptose celular

A apoptose é um programa de suicídio celular fortemente regulado, os defeitos e a evasão da apoptose celular promovem a transformação maligna e têm sido reconhecidos como uma caraterística distintiva do cancro *(Hanahan et al., 2011).* A evidência acumulada mostra que várias proteínas S100 desempenham papéis centrais na regulação da apoptose celular. O knockdown de S100A4 induz a apoptose celular e aumenta a quimiossensibilidade através da indução da expressão de BNIP3 no cancro do pâncreas *(Mahon et al., 2007).* Em contraste; S100A4 sensibiliza as células de osteossarcoma à indução de apoptose mediada por IFN-gama em paralelo com a ativação de NF-κB *(Pedersen et al., 2004).* S100A6 desencadeia a apoptose celular através da ativação da atividade de JNK dependente de RAGE *(Leclerc et al., 2007).* Além disso, a regulação positiva de S100A6 (calciclina) aumenta a apoptose celular e diminui a viabilidade celular ao afetar a atividade da Caspase-3 nas células de cancro do fígado *(Joo et al., 2008).* A S100A8/A9 extracelular pode inibir o crescimento de uma variedade de tipos de células normais (macrófagos, células da medula óssea, linfócitos, fibroblastos) e apresentar atividade indutora de apoptose em várias células tumorais. Em algumas células, a S100A8/A9 induz a apoptose celular através da ligação ao recetor de superfície celular de uma forma independente do zinco *(Ghavami et al., 2004)*. Outro estudo sugere que a S100A8/A9 exerce uma atividade apoptótica através da libertação selectiva de Smac/DIABLO e Omi/HtrA2 das mitocôndrias e da modulação da proteína anti-apoptótica Bcl-2 *(Ghavami et al., 2008)*. Além disso, a S100A8/A9 pode também promover a morte por autofagia, provocando a translocação de BNIP3 para as mitocôndrias *(Ghavami et al., 2010)*. A S100A10 pode ligar-se à proteína promotora da morte associada à Bcl-2 (BAD); afetar negativamente a apoptose induzida pela BAD *(Hsu et al., 1997)*. Os péptidos sintéticos N-terminais de S100C/A11 induziram a apoptose celular através da translocação parcial do fator indutor de apoptose (AIF) do citoplasma para o núcleo *(Makino et al., 2004)*. Um estudo anterior mostrou que o S100A14 pode interagir com o RAGE e que uma dose elevada de S100A14 induz a apoptose celular de uma forma parcialmente dependente do RAGE em células de cancro do esófago *(Jin et al., 2011)*.

Proteínas S100 nas metástases tumorais

As metástases são uma das principais causas de morte dos doentes com cancro. O processo de metástases envolve uma cascata de etapas sequenciais ligadas entre si, que incluem a invasão do tumor, a migração, a fuga ao sistema imunitário do hospedeiro, o extravasamento, a angiogénese e o crescimento do tumor *(Valastyan et al., 2011)*. As proteínas S100 estão envolvidas em muitas etapas da metástase e algumas delas (ou seja, S100A4) foram bem reconhecidas como marcadores de metástases. A S100A4 é um alvo direto da β-catenina/TCF e tem sido considerada como um marcador da transição epitelial-mesenquimal (EMT) *(Stein et al., 2006)*. O aumento de S100A4 promove um fenótipo migratório e, em particular, promove a EMT *(Lo et al., 2011)*, enquanto a inibição ou perda de S100A4 diminuiu a migração celular e anulou as assinaturas de EMT (*Lo et al., 2011)*. A co-transfecção do gene humano para S100A4 com pSV2neo induziu a metástase de Rama 37, uma linha celular mamária benigna de rato, sugerindo que S100A4 possui capacidade de indução de metástases *(Lloyd et al., 1997).* Além disso, a sobreexpressão de S100A4 em células MCF-7 induziu um crescimento celular independente de hormonas *in vivo* e promoveu a invasão celular nos tecidos circundantes e a formação de metástases nos gânglios linfáticos regionais e nos pulmões *(Grigorian et al., 1998).* Os ratinhos transgénicos portadores do gene S100A4 desenvolvem tumores mamários metastáticos agressivos *(Ambartsumian et al., 1996).* Em contrapartida, os ratinhos que não possuem o gene S100A4 suprimem o desenvolvimento do tumor e a metástase *(Grum-Schwensen et al., 2005).* A supressão de S100A4 reduziu a metástase das células de osteossarcoma, mas não tem qualquer efeito na proliferação celular *(Maelandsmo et al., 1996).* Como membro típico da família S100, a proteína S100A4 exerce funções intracelulares e extracelulares através de proteínas-alvo específicas. Por exemplo, a S100A4 regula a motilidade e a adesão das células através da interação com a miosina não muscular IIA (NMIIA) e a efrina-beta 1, contribuindo assim para o comportamento metastático das células tumorais *(Kriajevska et al., 2002).* S100A4 ativa o NF-κB induzindo a fosforilação de IKKalpha/beta, levando ao aumento da fosforilação de ikappaBalpha *(Grotterod et al., 2005).* A S100A4 extracelular ativa o fator de transcrição NF-κB e induz uma série de produtos genéticos, incluindo Ephrin-A1 e optineurina, num subconjunto de células cancerígenas humanas, que representam possíveis candidatos responsáveis pela progressão metastática mediada pela S100A4 *(Boye et al., 2008).*

Para além de estimular a motilidade das células tumorais, a S100A4 pode afetar as propriedades invasivas das células através da influência na expressão das metaloproteinases da matriz (MMPs) e dos seus inibidores endógenos *(Bjornland et al., 1999).* A S100A4 liga-se à Smad3 e aumenta a expressão da MMP-9 induzida pelo TGF-B, aumentando assim a capacidade de invasão celular *(Matsuura et al., 2010).* A S100A2 é regulada pelo TGF-β e está envolvida na invasão e migração das células cancerosas mediadas pelo TGF-i.F. Além disso, S100A2 interage com Smad3, regula a sinalização TGF^/Smad3 e induz EMT no cancro do pulmão *(Naz et al., 2014).* A sobreexpressão de S100A2 promove dramaticamente a migração de células de cancro do pulmão de células não pequenas (NSCLC) *in vitro* e aumenta a metástase *in vivo*, enquanto a ablação de S100A2 inibe a metástase tumoral *in vivo*. Estes resultados indicam que a S100A2 actua como um forte indutor de metástases no NSCLC *(Bulk et al., 2009).*

A depleção de S100A6 tem um efeito profundamente negativo na invasão e na motilidade das células cancerígenas pancreáticas *(Nedjadi et al., 2009).* O mecanismo possível é o facto de a S100A6 facilitar a translocação da Anexina II para a membrana celular *(Nedjadi et al., 2009).* Em contrapartida, a sobreexpressão de S100A6 em células de osteossarcoma diminui a motilidade celular e o crescimento independente da ancoragem em géis de colagénio *(Luu et al., 2005).* A S100A7 aumenta as capacidades invasivas das células do cancro da próstata através da regulação das MMPs e promove a migração e a invasão das células do osteossarcoma através da interação com RAGE *(Kataoka et al., 2012 & Ye et al., 2013).* Por sua vez, a sinalização de β-catenina regula negativamente a expressão de S100A7. Assim, a regulação negativa recíproca contribui para os seus papéis importantes na progressão do tumor [64]. S100A8/A9 promove a migração e invasão celular através da ativação de NF-κB dependente de p38 MAPK, levando a um aumento de MMP2 e MMP12 no cancro gástrico *(Kwon et al., 2013).* A S100A10 pode ligar-se ao plasminogénio e, subsequentemente, mediar a sua ativação por activadores do plasminogénio, facilitando a conversão do plasminogénio em plasmina *(Kwon et al., 2002).* Subsequentemente, a plasmina ativa ainda ativa alguns membros da família das MMP *(Monea et al., 2002).* Por outro lado, o DLC1, um parceiro da S100A10, desloca a Anexina II da S100A10, aumentando assim a degradação independente de ubiquit da S100A10, pelo que a S100A10 estava envolvida no processo de invasão celular e metástase *(Yang et al., 2011).* A depleção da S100A13 inibe a invasividade das linhas celulares de cancro do pulmão *(Pierce et al., 2008).*

Chen et al., 2014, publicaram dados que demonstram que a S100A14 actua como indutor ou inibidor da invasão celular, regulando a transcrição da MMP2 de uma forma dependente da p53 *(Chen et al., 2012).* A S100P actua como um indutor de metástases e a redução da S100P diminuiu o potencial metastático *in vivo* em células de cancro pancreático, o que é provavelmente mediado pela ativação de RAGE. Além disso, a sobreexpressão de S100P aumenta a expressão de S100A6 e catepsina D, ambas envolvidas na invasão celular. Outros estudos demonstram que o potencial invasivo induzido pela S100P se deve, pelo menos parcialmente, ao aumento da catepsina D *(Whiteman et al., 2007).*

Além disso, a S100P promove a migração transendotelial de células tumorais através da interação com a ezrina em NSCLCs *(Austermann et al., 2008).*

S100: sinalização na biologia do cancro

Dez membros da família S100 contribuem ativamente para o crescimento tumoral in vivo, a metástase, a angiogénese e a evasão imunitária. Embora as proteínas S100 também possam atuar como supressores de tumores, os exemplos são raros e específicos do tipo de cancro. A S100A2 funciona como supressor de tumores no cancro oral e como promotor de tumores no cancro do pulmão (Harris et al., 2008). A S100A7 actua como supressor de tumores no cancro da mama positivo para o recetor de estrogénio A (ERa), mas promove o crescimento do tumor da mama negativo para ERa *(Sapkota et al., 2012).* Os papéis das proteínas S100 foram mais amplamente examinados no cancro da mama e no melanoma. Uma vez que as linhas celulares não imitam a patologia complexa ou as assinaturas da proteína S100 que são observadas nos tumores in vivo.

S100 sinalização no cancro da mama

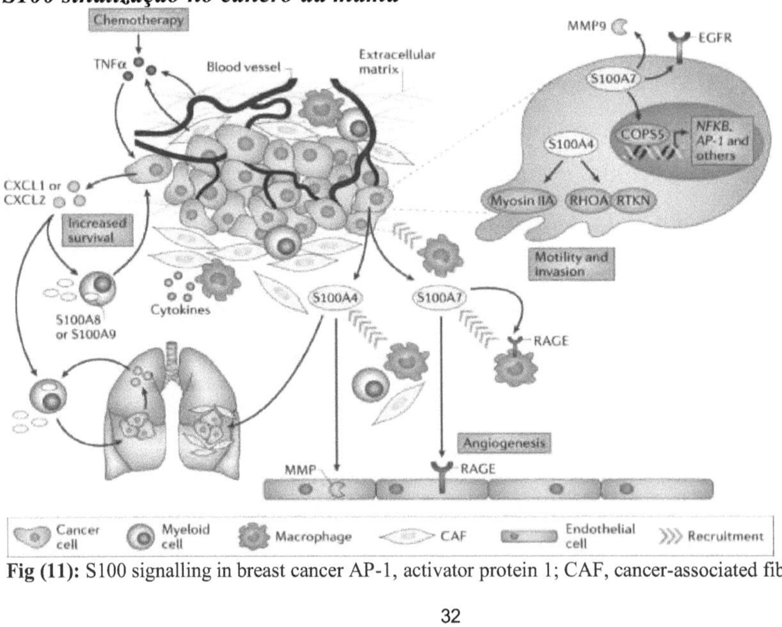

Fig (11): S100 signalling in breast cancer AP-1, activator protein 1; CAF, cancer-associated fibroblast.

As S100A4 e S100A7 intracelulares e extracelulares, bem como as S100A8 e S100A9 extracelulares, medeiam a progressão e a metástase dos tumores da mama. Nas células que não expressam o recetor de estrogénio-a (ERa), a S100A7 intracelular aumenta a sobrevivência e a invasão celular através da regulação positiva do fator nuclear-κB (NF-κB; codificado pelo NFKB) e da sinalização do recetor do fator de crescimento epidérmico (EGFR). A S100A7 extracelular derivada de células tumorais liga-se ao recetor de produtos finais de glicosilação avançada (RAGE) em macrófagos para mediar o seu recrutamento para o microambiente tumoral. Além disso, a S100A7 extracelular também se liga ao RAGE nas células endoteliais para promover a angiogénese. A expressão de S100A4 nas células tumorais aumenta a migração e a invasão celulares através de interações com os efectores do citoesqueleto, como a miosina IIA e a rodetina (RTKN). A S100A4 derivada de células estromais medeia o recrutamento de células mieloides para o microambiente tumoral e é necessária para a colonização metastática no pulmão *(Bresnick et al., 2015).*

Desconhece-se se estas respostas são provocadas por S100A4 extracelular ou intracelular; no entanto, o S100A4 extracelular estimula a produção de metaloproteinase da matriz (MMP) nas células endoteliais. No microambiente tumoral, a S100A8 e a S100A9 têm funções autócrinas e parácrinas que sustentam o recrutamento de mieloides e/ou a supressão imunitária e a sinalização NF-κB, respetivamente. A libertação de citocinas pelo tumor primário também promove o recrutamento de células mieloides que expressam S100A8 ou S100A9 para o pulmão pré-metastático para manter um meio pró-inflamatório que promove a metástase tumoral *(Bresnick et al., 2015).* Por último, a quimioterapia induz a libertação do fator de necrose tumoral-a (TNFa) das células endoteliais e de outras células do estroma, o que resulta num eixo de sinalização S100A8 ou S100A9 induzido por CXC-quimiocina ligando 1 (CXCL1) ou CXCL2 entre as células tumorais e as células mieloides, o que facilita a sobrevivência das células tumorais quimiorresistentes, tanto no tumor primário como nos locais metastáticos.

S100 sinalização no melanoma

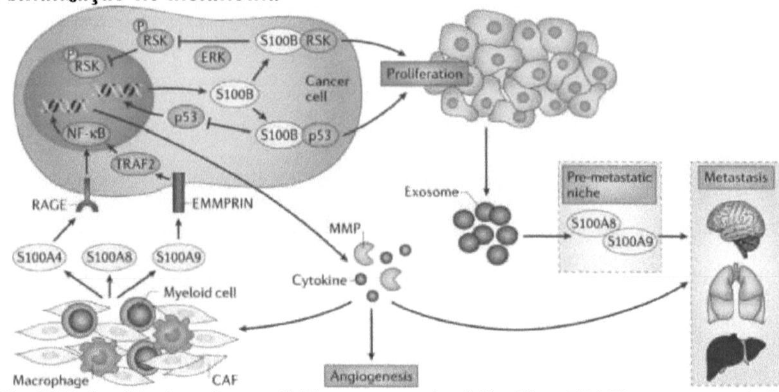

Fig (12):. S100 signalling in melanoma CAF, cancer associated fibroblast; TRAF2, tumor necrosis fator recetor-associated fator 2.

As S100A4, S100A8 e S100A9 intracelulares e extracelulares contribuem para a proliferação e a metástase do melanoma. As S100A4 e S100A9 extracelulares derivadas do estroma - por sinalização através do recetor para produtos finais de glicosilação avançada (RAGE) e do indutor de metaloproteinase de matriz extracelular (EMMPRIN), respetivamente - activam a expressão de citocinas e metaloproteinases de matriz (MMPs) em células tumorais mediadas pelo fator nuclear-κB (NF-KB) que promovem a invasão e metástase das células tumorais *(Bresnick et al., 2015).*Os heterodímeros extracelulares S100A8 e S100A8- S100A9 são também libertados pelas células estromais, mas a sua contribuição para a biologia do melanoma e os seus mecanismos moleculares de ação não foram ainda elucidados. Os exossomas derivados do melanoma promovem a expressão de S100A8 e S100A9 nos nichos metastáticos . Nas células tumorais, o TP53 de tipo selvagem regula positivamente a expressão de S100B, que promove a proliferação através da p90 ribossómica S6 quinase (RSK) e de um ciclo de feedback negativo que envolve o TP53. A ligação de S100B a TP53 bloqueia a oligomerização e estimula a poliubiquitinação e degradação de TP53, o que diminui a atividade transcricional de TP53 e regula negativamente a expressão de genes pró-apoptóticos. A ligação de S100B a RSK bloqueia a fosforilação dependente de ERK e o sequestro citoplasmático de fosfo-RSK *(Bresnick et al., 2015).*

S100B

Utilização clínica de S100B no melanoma maligno

Nos últimos anos, foram feitos grandes esforços para quantificar os compostos associados ao melanoma no sangue *(Marks et al., 1990).* Foram examinados vários marcadores diferentes, incluindo antigénios associados ao melanoma, citocinas, metaloproteinases, factores de angiogénese, moléculas de adesão, factores de crescimento celular, moléculas imunoreguladoras e metabolitos da síntese de melanina *(Trocha et al., 2002).* De todos estes compostos, o S100B é, atualmente, o biomarcador mais utilizado em doentes com melanoma maligno. Especialmente no melanoma metastático, a elevação da S100B tem sido associada a uma menor sobrevivência global e livre de doença. Recorrendo à imunohistoquímica, a proteína S100 tem sido utilizada para melhorar o estadiamento do melanoma e para aumentar a deteção de células tumorais metastáticas não detectadas pela histologia convencional *(Cochran et al., 1982).*

Diagnóstico e estadiamento do melanoma maligno

Uma vez que o melanoma maligno é um tumor cutâneo facilmente visível na superfície do corpo, não são necessários marcadores tumorais para efeitos de rastreio. Os níveis séricos de S100B foram avaliados em doentes com melanoma em diferentes estádios, tendo sido demonstrado que aumentam de forma dependente do estádio *(Bonfrer et al., 1998).* Com o avanço do estádio do tumor, aumenta a proporção de doentes com melanoma que apresentam níveis circulantes de S100B superiores ao limite superior de referência. Este facto pode ser interpretado como uma indicação de micro ou macro-metástases (*Berking et al., 1999).* A sensibilidade diagnóstica da S100B sérica em doentes com melanoma maligno cutâneo nos estadios I e II (doença primária e doença local) foi referida como sendo igual ou inferior a 15% *(Schoultz et al., 1996),* os níveis de expressão da S100B são mais elevados no melanoma de grau VI *(Heizmann, 2004)* e têm sido associados à presença de metástases *(Zissimopoulos et al., 2006).* Numa comparação direta de RT-PCR multimarcadores (tirosinase, Melan-A, MAGE-3 e gp100) e S100B em doentes com melanoma maligno nos estádios

III e IV, o S100B foi o mais sensível na deteção de doença metastática *(Berking et al., 1999)*.

Os níveis séricos **de S100B** são amplamente utilizados para a deteção precoce de recidivas ou metástases em combinação com a proteína MIA (Melanoma-Inhibiting Activity) e o TA90-IC (TA90-Immune Complex) *(Faries et al., 2007)*. Devido à possibilidade de determinações falsas positivas do marcador tumoral S-100B, recomenda-se a repetição da sua medição se ocorrerem níveis elevados de S100B durante o acompanhamento de doentes com melanoma de alto risco *(Strobel et al., 2007)*. Além disso, a S100B continua a ser o marcador imunohistoquímico mais sensível do melanoma, apesar do aparecimento de novos marcadores (HMB-45, MART-1/Melan-A, tirosinase, MITF, etc.) que reflectem a diferenciação, a proliferação, a imunomodulação e outros processos relevantes *(Ohsie et al., 2008)*. Assim, a S100B sérica deve ser incluída no estadiamento clínico de doentes com melanoma maligno *(Harpio e Einarsson 2004)*.

Prognóstico do melanoma maligno

Os marcadores de prognóstico mais significativos no melanoma maligno são a espessura do tumor e o estado dos gânglios linfáticos. No entanto, o S100B também demonstrou estar fortemente relacionado com o prognóstico do melanoma maligno *(Abraha etal., 1997)* e prever a sobrevivência *(Schoultz et al., 1996)*. *Von Schoultz et al., 1996*, analisaram 643 doentes com todos os estádios clínicos de melanoma maligno e demonstraram que o risco relativo de morte aumentava 5 vezes quando a S100B circulante excedia 0,6 µg/l. Estes dados de sobrevivência do S100B sérico foram confirmados por *Karnell et al. (1997)*. Também compararam os níveis séricos de S100B com os níveis urinários de metabolitos da melanina e concluíram que a S100B sérica era superior em termos de prognóstico aos metabolitos da urina. Os dados do estudo de *Bonfrer et al., (1998)*, baseado em 251 doentes com melanoma maligno cutâneo (todos os estádios clínicos), indicaram que a S100B elevada estava associada a doença extensa. Mais de 80% dos doentes com doença metastática apresentavam concentrações elevadas de S100B. Utilizaram os níveis séricos de S100B pré-tratamento para identificar os doentes de alto risco e concluíram que tal poderia ter implicações na seleção do tratamento.

A análise multivariada indicou que a S100B era o fator de prognóstico mais forte no que diz respeito à sobrevivência específica da doença em doentes com doença avançada. Na doença avançada, os níveis elevados de S100B demonstraram uma forte correlação tanto com a recorrência como com a redução da sobrevivência. Os doentes com níveis consistentemente baixos de S100B durante o seguimento clínico estiveram clinicamente livres de doença durante uma média de 26,2 meses mais do que os doentes que apresentaram níveis aumentados de S100B. Além disso, os doentes com níveis baixos de S100B sobreviveram, em média, mais 29,6 meses do que os doentes com um nível elevado de S100B *(Harpio e Einarsson 2004).*

Monitorização do tratamento no melanoma maligno

A monitorização do tratamento do melanoma maligno é a principal indicação para a utilização de marcadores tumorais, uma vez que as alterações dos níveis de marcadores tumorais no sangue deveriam, idealmente, permitir tirar conclusões sobre as alterações da massa tumoral. A determinação serológica da proteína S100B em doentes com melanoma forneceu dados sobre a sua eficácia na monitorização do tratamento *(Kruhin et al., 2001).* O insucesso do tratamento pode ser detectado precocemente se se verificar um aumento acentuado do nível de S100B. Também é lógico que os doentes com melanoma que apresentem níveis elevados de S100B antes do tratamento tenham muito menos probabilidades de entrar numa situação clínica estável ou em remissão do que os doentes com níveis baixos de S100B no início da terapêutica *(Kruhn et al., 2001).* Em vários estudos relatados, foram recolhidas amostras de sangue em série de doentes com metástases à distância mensuráveis durante a terapia sistémica *(Hamberg et al., 2003).* Todos estes estudos demonstraram níveis crescentes de S100B em doentes com carga tumoral metastática progressiva e níveis decrescentes de S100B durante a regressão ou remissão do tumor. Os níveis crescentes de S100B são um marcador específico e sensível da progressão do tumor e detectam a recidiva da doença 5-23 semanas antes de outros métodos clínicos ou radiológicos *(Hauschild et al., 2003)*. Num estudo prospetivo realizado por *Jury et al., (2000)* em doentes com melanoma de todos os estádios, os níveis crescentes da proteína S100B foram associados à progressão do tumor e precederam outras provas de recidiva do melanoma (radiografia do tórax, tomografia computorizada e ressonância magnética) *(Huang et al., 1998)*.

O S100B ajuda a fazer corresponder os doentes individuais ao subgrupo de tratamento adequado, tirando assim o máximo partido dos recentes avanços nos regimes de tratamento do melanoma disponíveis.

Seguimento do melanoma maligno

Durante o acompanhamento de rotina de doentes com melanoma primário de alto risco (>4,0 mm de espessura do tumor), foram observados níveis elevados de S100B 6 meses antes de a ecografia abdominal e a radiografia do tórax revelarem metástases disseminadas *(Schmitz et al., 2000)*. Na altura em que as metástases hepáticas e pulmonares eram clinicamente evidentes, o S100B sérico estava bem acima de 20µg/l.

Banfalvi et al., (2003) compararam a expressão de S100B em tumores primários e em metástases de gânglios linfáticos com os níveis de S100B no soro de doentes com melanoma em vários estádios clínicos durante o acompanhamento. A S100B sérica estava significativamente elevada em cerca de 60% dos doentes com doença local (estádio III), o que também foi confirmado por imunohistoquímica. No entanto, verificou-se um elevado grau de coloração heterogénea de S100B entre as células tumorais de melanoma dos indivíduos. Estão atualmente em curso estudos internacionais prospectivos de acompanhamento do melanoma maligno para confirmar e explorar melhor a relação entre a concentração sérica de S100B e a evolução da doença. No entanto, os dados disponíveis sobre a monitorização do tratamento justificam a conclusão de que a S100B circulante tem uma relação clara com a massa tumoral e é de esperar que aumente para além do limite normal quando ocorrem metástases *(Harpio e Einasson, 2004)*.

S100A4

Esta proteína é também conhecida como metastasina e calvasculina. O aumento da expressão de S100A4, tanto a nível proteico como de ARNm, tem sido associado a muitos cancros malignos, como o cancro da bexiga *(Davies et al., 2002)*, da mama *(Wang et al., 2000)*, colorrectal *(Takenaga et al., 1997)*, da tiroide *(Zou et al., 2005)*, astrocítico *(Belot et al., 2002)*, gástrico *(Cho et al. 2003)*, do pulmão *(Kimura et al., 2000)* e da próstata *(Saleem et al., 2006)*. A expressão de S100A4 está aumentada nestes cancros quando comparada com os seus homólogos benignos, em que a expressão é baixa ou inexistente.

Foi demonstrado que a expressão de S100A4 está inversamente relacionada com a expressão de E-caderina (um supressor de tumores) em alguns cancros, como o melanoma maligno *(Andersen et al., 2004)* e os cancros do pulmão *(Kimura et al., 2000)*. A S100A4 interage com a anexina II, um co-recetor do plasminogénio endotelial, e acelera a ativação do plasminogénio mediada pelo tPA. A formação de plasmina local resultante pode contribuir para a angiogénese e a metástase induzidas pelo tumor *(Donato, 2007)*. Isto apoia a sugestão de um papel direto da S100A4 como fator angiogénico e pode induzir a progressão do tumor através de uma via extracelular que estimula a angiogénese **(Fig. 13)**. Este papel tem sido associado à capacidade da S100A4 para regular a atividade da metaloproteinase da matriz *(Mathisen et al., 2003)* e/ou a motilidade celular de forma dependente do RAGE *(Li e Bresnick 2006)*.

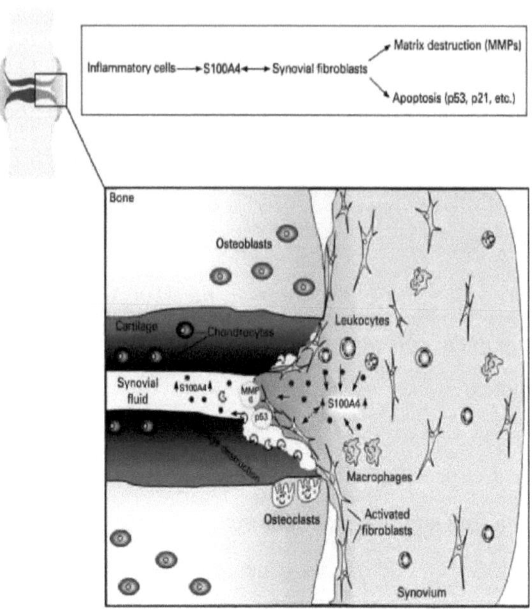

(Fig. 13) Implicações postuladas da **proteína** S100A4 no crescimento, invasão e metástase do cancro

Foi demonstrado, nomeadamente, que a S100A4 regula a forma e a motilidade das células através da modulação da função da miosina-IIA *(Li e Bresnick 2006)* e pode interagir com outras proteínas do citoesqueleto, incluindo a F-actina *(Mandinova et al., 1998)*, a miosina *(Kriajevska et al., 1998)* e a tropomiosina não muscular *(Takenaga e Masuda, 1994)*.

A S100A4 também tem sido associada a uma expressão reduzida de genes supressores de tumores, como o p53 (*Grigorian et al., 2001)*, e esta relação pode contribuir para o papel da S100A4 na tumorigénese e nas metástases. A inibição do processo de angiogénese tumoral pode ser possível através do bloqueio da secreção de S100A4 ou da sua função extracelular *(Kriajevska et al., 2002)*.

S100A2

A proteína **S100A2** actua intracelularmente e encontra-se principalmente no núcleo da célula *(Mandinova et al., 1998)*. Foi inicialmente descrita como um supressor de tumores porque foram detectados níveis reduzidos de S100A2 no carcinoma de células escamosas do pulmão ou no cancro da mama *(Wicki et al., 1997)*. No entanto, estudos recentes mostraram que a S100A2 é altamente expressa em tumores como:

a. cancro do pulmão não pequeno (no estádio I, a sobreexpressão de S100A2 está associada a uma sobrevivência global e a uma taxa de sobrevivência específica da doença significativamente inferiores) *(Jassem et al., 2006).*

b. cancro escamoso gástrico/esofágico *(El-Rifai et al., 2002)*

c. linfoma

d. tumores de células granulares do trato gastrointestinal (em correlação com a nestina, uma proteína do filamento do citoesqueleto expressa em células estaminais neuroectodérmicas e células progenitoras do músculo esquelético) *(Parfitt et al., 2006)*

e. tumores renais *(Li et al., 2005).*

f. carcinomas papilares e anaplásicos da tiroide. Pelo contrário, em doentes com carcinoma espinocelular oral em fase inicial com elevado risco de recorrência, a desregulação da S100A2 está significativamente associada a uma menor sobrevivência sem doença *(Tsai et al., 2005).* No entanto, a função supressora de tumores da S100A2 pode estar relacionada com a capacidade da S100A2 para reduzir a expressão da ciclooxigenase-2 (Cox-2) *(Tsai e al., 2006)*, uma vez que a regulação positiva da Cox-2 está associada à tumorigénese em muitos cancros. A compreensão do papel da S100A2 como supressor de tumores pode facilitar a conceção de terapias orientadas para a S100A2 no futuro.

S100A7

Foi originalmente designada ***psoriasina*** porque foi identificada pela primeira vez como uma proteína secretada altamente expressa em queratinócitos anormalmente diferenciados de lesões psoriáticas *(Broom et al., 2003).* Desde então, verificou-se que era expressa em associação com neoplasias em vários tecidos, incluindo carcinomas escamosos da cabeça e do pescoço, do colo do útero e do pulmão, da pele *(Alowami et al., 2003)*da bexiga *(Celis et al., 1996),* bem como adenocarcinomas do estômago *(El Rifaiet al., 2002)* e da mama *(Emberley et al., 2004).* Alguns destes dados de expressão são consistentes com um papel extracelular como fator quimiotático na mediação da resposta inflamatória, semelhante ao inicialmente postulado na psoríase *(Jinquan et al., 1996).* Mas outros dados apontam para uma ação intracelular adicional nas células epiteliais que expressam a proteína.

A expressão de S100A7 na linha celular de carcinoma da mama humano está associada a um aumento da migração e invasão celular, mas a uma redução do crescimento tumoral in vivo *(Krop etal., 2005)*. Este facto tem sido associado à regulação positiva e à regulação negativa da metaloproteinase da matriz *(Hiratsuka et al., 2006)* e do fator de crescimento endotelial vascular (VEGF), respetivamente, e apoia a associação entre expressões elevadas de S100A7 em carcinomas da mama humanos e o aumento da angiogénese. Os mecanismos exactos através dos quais a S100A7 exerce estes efeitos nas células do cancro da mama são desconhecidos, mas provas recentes demonstraram uma ligação entre a S100A7 e proteínas com um papel altamente reconhecido na tumorigénese, como a BRCA1 *(Kennedy et al., 2005)* e a Jab1 *(Emberley et al., 2003)*.

Há cada vez mais provas de que o BRCA1 pode ser capaz de regular a transcrição de genes-alvo chave a jusante, como o S100A7 *(Kennedy et al., 2005)*. O BRCA1 funcional é necessário para esta repressão e, por conseguinte, a perda de BRCA 1 conduz a um aumento da expressão de S100A7. Este facto identifica a S100A7 como um marcador putativo da perda de BRCA1 em tumores, o que poderá ser útil no futuro para ajudar no diagnóstico de tumores BRCA1 negativos *(Salama et al., 2008)*.

S100A8 e S100A9

A S100A8 e a S100A9 formam um complexo heterodimérico *(Vogl et al., 2006)* e as duas proteínas estão sobre-reguladas em muitos cancros, incluindo o cancro gástrico *(Yong e Moon, 2007)*, o cancro da próstata *(Hermani et al., 2006)* e o cancro colorrectal *(Stulik et al., 1999)*. No cancro colorrectal, as proteínas são expressas nas margens invasivas do tumor. A S100A8 e a S100A9 também foram implicadas na regulação da proliferação celular *(Hermani et al., 2006)*. Demonstrámos que as células mioepiteliais normais da mama regulam positivamente a S100A9 nas células do cancro da mama, o que leva a uma redução da proliferação das células tumorais *(Mulligan et al., 2005)*. A S100A8 e a S100A9 também estão implicadas no processo metastático. Foi demonstrado que os tumores primários segregam factores solúveis, incluindo

VEGF-A, TGF-β e TNFa, que induzem a expressão de S100A8 e S100A9 nas células mielóides e endoteliais do pulmão antes da metástase do tumor *(Rafii e Lyden, 2006)*. Pensa-se que as S100A8 e S100A9 actuam como atractores quimiotáticos que facilitam o encaminhamento das células tumorais para locais pré-metastáticos no parênquima pulmonar. A S100A8 e a S100A9 também aumentam a motilidade das células cancerosas circulantes através da ativação dos pseudópodes das células tumorais mediada pela p38 MAPK *(Hiratsuka et al., 2006)*. Estes dados indicam que a S100A8 e a S100A9 podem ser alvo de acções para impedir o regresso das células tumorais a locais pré-metastáticos.

S100A11

A S100A11 é também conhecida como calgazzarina e S100C. Tal como a S100A2, a S100A11 parece ter funções distintas consoante o tumor em causa. No carcinoma da bexiga e no carcinoma renal, a expressão está relacionada com a supressão de tumores *(Memon et al., 2005)*, mas no cancro da próstata e no cancro da mama pensa-se que a S100A11 é um promotor de tumores *(Cross et al., 2005)*. No carcinoma da bexiga, a diminuição da expressão de S100A11 tem sido associada a um aumento do grau histopatológico, a um pior prognóstico e a uma diminuição da sobrevivência *(Memin et al., 2005)*. A expressão de S100A11 está perdida nos tumores T1 em comparação com os tumores Ta (superficiais), sugerindo que a perda é um acontecimento precoce no desenvolvimento do tumor da bexiga. A S100A11 também é altamente expressa em tumores papilares em comparação com tumores de tipo sólido ou misto. O tipo papilar de cancro da bexiga é o tumor menos maligno e raramente (<5%) invade ou causa mortalidade, apoiando a hipótese de que a expressão de S100A11 está associada a um melhor prognóstico. Em contrapartida, a expressão de S100A11 no cancro da próstata demonstrou estar associada a um estádio patológico avançado **(Quadro 1)** *(Rehmanet et al., 2004)*.

Proteínas S100 e células estaminais cancerígenas

Estudos recentes associaram as células estaminais cancerígenas (CSC), a EMT e o microambiente tumoral (TME) à metástase tumoral. As principais vias de sinalização envolvidas na EMT provêm do TME. Por outro lado, o TME pode induzir a ocorrência de EMT nas células tumorais. Além disso, os CSC podem ser os indutores da EMT nas células tumorais, e a EMT pode promover as propriedades das células estaminais (SC) e gerar células com as caraterísticas dos CSC *(May et al., 2011 & Talbot et al., 2012)*. Como membro típico da família S100, a S100A4 não só está envolvida na interação entre a EMT e a TME, como também desempenha um papel importante no estabelecimento e/ou manutenção da pluripotência. A S100A4 está significativamente supra-regulada nas CSC de glioma de ratinho *(Harris et al., 2008)*.

Além disso, a expressão de S100A4 é altamente enriquecida em células iniciadoras de cancro da cabeça e do pescoço (HN-CIC). A redução da expressão de S100A4 diminuiu acentuadamente as esferas tumorais e a formação de *tumores vivos*. A depleção de S100A4 também diminuiu significativamente as células da população lateral (SP) e as células ABCG2-positivas, nas quais a alta expressão de ABCG2 possivelmente contribui para o fenótipo SP. Além disso, a depleção de S100A4 diminuiu drasticamente a atividade enzimática da aldeído desidrogenase (ALDH), que foi identificada como um marcador de CSC, a expressão dos genes de "stemness do cancro" (Oct-4 e Nanog) e anulou as assinaturas EMT. Inversamente, a sobreexpressão de S100A4 em células de carcinoma espinocelular da cabeça e do pescoço reforçou o seu carácter estaminal e as suas propriedades tumorigénicas *(Lo et al. ,2011)*.

Outras S100s têm sido implicadas nas CSCs, embora os seus papéis nas propriedades de tentação não estejam bem estudados. Por exemplo, a expressão de S100A6 está aumentada nas CSC de glioma de ratinho *(Harris et al., 2008)* e S100A14 também está

identificada como um potencial novo marcador de células de cancro da mama com caraterísticas de iniciação tumoral *(Leth-Larsen et al., 2012)*. Estes dados sugerem que as proteínas S100 podem desempenhar um papel crucial na manutenção das propriedades de auto-renovação ou de células estaminais cancerígenas.

Tabela (1): Resumo das propriedades dos membros da família de proteínas S100

PROTEÍNA	Localização celular a partir dos principais tecidos de síntese	Proteínas alvo	Funções sugeridas	Avaliação de doenças
S100A1 **(S1000a) (pode formar homodímeros e heterodímeros com S100B)**	Citoplasma de neurónios, músculo esquelético e cardíaco, rim	Frutose-1,6-bifosfato aldose, glicogénio fosforilase, adenilato ciclase, tubulina GFAP, myoD	inibição da montagem microtubular, regulação do canal de libertação de Ca2+	cardiomiopatias
S100A2 **(S100L)**	Citoplasma e núcleo de pulmão e rim	proteínas nucleares, tropomiosina, recetor quimiotático	função do gene supressor de tumor, funções dependentes de Ca2+ no núcleo da célula	cancro da mama
S100A3 **(S100E)**	-	-	diferenciação da cutícula do cabelo, associação com o cancro da mama	cancro da mama
S100A4 **(CAPL)**	Extracelular e citoplasma de fibroblastos, células mioepiteliais e tumorais	Tropomiosina não muscular, p53, miosina não muscular, cadeia pesada, MAP	motilidade e invasão de células tumorais, polimerização da tubulina	metástases
S100A5 **(S100D)**	-	-	-	-
S100A6 **(A calciclina pode formar homodímeros)**	Citoplasma de fibroblastos e células tumorais	anexina II, anexina VI, anexina XI, gliceraldeído-3 - fosfato desidrogenase	estimula a libertação de insulina dependente de Ca2+, estimula a secreção de prolactina	Melanoma
S100A7 **(psoriasina)**	Células epiteliais	-	quimiotático para neutrófilos e linfócitos T, progressão do cancro da mama,, psoríase	psoríase, cancro da mama
S100A8 **(MRP8) (pode formar heterodímeros com S100A9)**	Extracelular e citoplasma de granulócitos e monócitos	filamentos intermédios, citoesqueleto, estrutura e membrana celular	inibe a caseína quinase, o fator de diferenciação e ativação das células mieloides, a inflamação e as actividades quimiotáticas	inflamação da fibrose quística
S100A9 **(MRP14)**	Extracelular e citoplasma de granulócitos e monócitos	filamentos intermédios, citoesqueleto, estrutura e membrana celular	inibe a caseína quinase, inflamação da diferenciação das células mieloides, atividade imobilizadora de neutrófilos	inflamação da fibrose quística
S100A10 **(P11)**	Citoplasma de fibroblastos	(anexina II)2, fosfolipase A2	anti-inflamatório, regulação da libertação de neurotransmissores, fosforilação pela proteína quinase	-
S100B **(S100b) (pode formar homodímeros e heterodímeros com S100A1)**	Extracelular e citoplasma de células gliais e de Schwann, melanócitos, condrócitos e adipócitos	frutose-1,6-bifosfato, aldolase, calponina, proteína tau, tubulina, caldesmona,	extensão da neurite, proliferação de células de melanoma, inibição da fosforilação da PCK-, regulação da transcrição, supressão dos danos celulares induzidos pelo Cu2+	Doença de Alzheimer, síndrome de down, marcador tumoral

7. MÉTODOS DE MEDIÇÃO DAS PROTEÍNAS S100

Os métodos analíticos, como o ensaio imunorradiométrico (IRMA), a espetroscopia de massa, o western blot, o ELISA (ensaio imunoenzimático), a electroquimioluminância e a PCR quantitativa, podem detetar alterações da S100 na expressão imuno-histoquímica ou na concentração sérica com elevada sensibilidade, constituindo uma ferramenta importante no diagnóstico clínico.

O imunoensaio luminométrico automatizado quantitativo (LIA-mat Sangtec 100, Byk Gulden) para medir a proteína S100B é o mais utilizado no melanoma maligno. O ensaio foi testado quanto à reatividade cruzada entre a S100B e outros membros da família de proteínas S100 de estrutura semelhante (em especial S100A1, S100A4 e S100A6), utilizando diferentes proteínas S100 humanas recombinantes (Heizmann, 2004). Não foi possível demonstrar qualquer reatividade cruzada com as outras proteínas S100. O limite de deteção é de 0,02 µg/l; concentrações superiores a 0,15 µg/l (cut-off) foram consideradas positivas (Paradisi et al., 2007). A S100B é atualmente o biomarcador mais amplamente aplicado no melanoma maligno, especialmente em doentes com melanoma metastático.

Utilizando a imunohistoquímica, a proteína S100 tem sido utilizada para melhorar o estadiamento do melanoma e para aumentar a deteção de células tumorais metastáticas não detectadas pela histologia convencional.

Avaliação do nível das proteínas S100

Os níveis séricos médios de S100 foram de 0,126 - 0,471 µg/1. A semi-vida biológica da S100B é de aproximadamente 30 minutos. Isto implica que qualquer elevação persistente dos seus níveis séricos reflecte uma libertação contínua dos tecidos afectados. O S100B é eliminado principalmente pelos rins.

8. CONCLUSÕES E RECOMENDAÇÕES

Os membros da família da proteína S100, através da sua interação com várias proteínas efectoras, estão envolvidos na regulação de um espetro diversificado de processos celulares. Embora as suas implicações fisiopatológicas exijam ainda uma maior clarificação, algumas destas proteínas já foram investigadas com êxito. A proteína S100B ganhou um papel como índice complementar específico de diagnóstico precoce e de avaliação do prognóstico após lesões cerebrais traumáticas (TCE).

Tem havido um interesse crescente na família das proteínas S100 e na sua relação com diferentes tipos de cancro. Embora o papel exato das proteínas S100 no desenvolvimento e na promoção do cancro permaneça pouco claro, é evidente que a perturbação de qualquer uma das suas funções pode contribuir para a carcinogénese. Os mecanismos exactos ainda não foram estabelecidos, mas há provas de que estas proteínas desempenham um papel importante na metástase tumoral, interagindo com muitas proteínas diferentes, incluindo metaloproteinases da matriz, proteínas do citoesqueleto, p53, Jab1, Cox-2 e BRCA1. É provável que cada proteína S100 possa desempenhar múltiplos papéis na tumorigénese e na metástase.

- O S100B já é amplamente utilizado em doentes com melanoma maligno, com uma ajuda especial no estadiamento, na avaliação do resultado terapêutico e na deteção precoce da recorrência.
- Uma vez que a S100A4 tem interações moleculares envolvidas na tumorigénese e nas metástases, parece viável que possa ser utilizada como uma ferramenta complementar de estadiamento e prognóstico em doentes com carcinomas da mama, colorrectais e gástricos.

Direcções futuras

As proteínas S100 desempenham um papel importante no desenvolvimento e progressão dos tumores devido às suas propriedades multifuncionais envolvidas numa variedade de processos celulares e extracelulares. Estudos recentes mostram que a comunicação entre as células cancerosas e as células do estroma, frequentemente mediada por componentes da MEC no microambiente tumoral, desempenha um papel central na metástase do cancro. Muitos membros das proteínas S100 podem ser expressos por células tumorais e por uma variedade de células do estroma. Por conseguinte, a modulação das proteínas S100 não se limita a actividades no interior da célula. Investigações do cross-talk tumor-estromal e estromal-estromal envolvido na migração celular no cancro podem levar à conceção de novas estratégias terapêuticas. Espera-se que outros estudos investiguem o papel das proteínas S100 na comunicação entre as células cancerosas e as células estromais e elucidem o mecanismo subjacente, o que poderá facilitar não só a investigação do cancro relacionada com a S100, mas também o diagnóstico, a prevenção e o tratamento do cancro.

Apesar dos progressos consideráveis na biologia da proteína S100, dispomos atualmente de poucas informações sobre a forma como as modificações pós-traducionais ou a formação de heterodímeros afectam a sinalização da S100. Será necessário um exame mecanicista da biologia e da bioquímica da proteína S100 para definir a forma como cada membro da família contribui para a proliferação, metástase, angiogénese e evasão imunitária dos cancros e de outras doenças. São necessários estudos futuros para revelar ainda mais os mecanismos moleculares e as vias de sinalização que definem os papéis múltiplos e específicos que as proteínas S100 desempenham na progressão tumoral e nas metástases, proporcionando novos alvos terapêuticos e biomarcadores.

Por último, o interesse clínico das proteínas S100 está em constante expansão. As proteínas S100 não só fornecem importantes ferramentas de diagnóstico e prognóstico para a gestão do cancro, como a inibição da sua atividade pode representar um possível meio de controlar o desenvolvimento e a progressão do cancro.

REFERÊNCIAS

Abraha HD, Fuller LC, Du Vivier AW, Higgins EM, Sherwood RA. (1997): Serum S-100 protein: a potentially useful prognostic marker in cutaneous melanoma. Br J Dermat,137:381-5.

Alowami S, Qing G, Emberley E, Snell L, Watson PH (2003): A expressão da psoriasina (S100A7) é alterada durante a tumorigénese cutânea. BMC Dermatol, 3:1.

Ambartsumian N, Klingelhofer J, Grigorian M (2001): A proteína Mts1 (S100A4) associada à metástase pode atuar como um fator angiogénico. Oncogene; 20: 4685-4695

Ambartsumian NS, Grigorian MS, Larsen IF, Karlstrom O, Sidenius N, Rygaard J, Georgiev G e Lukanidin E. (1996): Metástases de carcinomas mamários em ratinhos híbridos GRS/A transgénicos para o gene mts1. Oncogene. 13: 16211630.

Andersen K, Nesland JM, Holm R, Florenes VA, Fodstad O, Maelandsmo GM (2004): Expression of S100A4 combined with reduced E-cadherin expression predicts patient outcome in malignant melanoma. Mod Pathol, 17:990-7.

Arai K, Takano S, Teratani T, Ito Y, Yamada T e Nozawa R.(2008): A sobreexpressão de S100A8 e S100A9 está associada a parâmetros patológicos desfavoráveis no carcinoma ductal invasivo da mama. Curr Cancer Drug Targets. 8: 243-252.

Arai K, Teratani T, Kuruto-Niwa R, Yamada T e Nozawa R. (2004): S100A9 expression in invasive ductal carcinoma of the breast: A expressão de S100A9 no adenocarcinoma está intimamente associada a uma fraca diferenciação do tumor. Eur J Cancer. 40: 1179-1187.

Arnesano, F., Banci, L., Bertini, I., Fantoni, A., Tenori, L. e Viezzoli, M. S. (2005): Interação estrutural entre a ligação do cálcio (II) e do cobre (II) à proteína S100A13. Angew. Chem. Int. Ed. Engl. 44, 6341-6344.

Austermann J, Nazmi AR, Muller-Tidow C e Gerke V. (2008): Characterization of the Ca2+ -regulated ezrin-S100P interaction and its role in tumor cell migration. J Biol

Chem. 283: 29331-29340.

Banfalvi T, Udvarhelyi N, Orosz Z, Gergye M, Gilde K, Timar J. (2003): Heterogeneous S-100B protein expression patterns in malignant melanoma and association with serum protein levels. Oncology, 64:374-9.

Barraclough, R. (1998): Proteína de ligação ao cálcio S100A4 na saúde e na doença. Biochim Biophys Ata 1448, 190-199.

Baudier e R. D. Cole (1988): "Interactions between the microtubule-associated τ proteins and S100b regulate τ phosphorylation by the Ca2+/calmodulin-dependent protein kinase II," Journal of Biological Chemistry, vol. 263, no. 12, pp.5876-5883.

Becker T, V. Gerke, E. Kube, e K. Weber (1992): "S100P, a novel Ca2+- binding protein from human placenta. cDNA cloning, recombinant protein expression and Ca2+ binding properties," European Journal of Biochemistry, vol. 207, no. 2, pp. 541-547.

Belot N, Pochet R, Heizmann CW, Kiss R, Decaestecker C (2002): Extracellular S100A4 stimulates the migration rate of astrocytic tumor cells by modifying the organization of their actin cytoskeleton. Biochim Biophys Ata, 1600:74-83.

Berking C, Schlupen EM, Schrader A, Atzpodien J, Volkenandt M. (1999): Marcadores tumorais no sangue periférico de pacientes com melanoma maligno, RT-PCR multimarcador versus um ensaio luminoimunométrico para S-100. Arch Dermatol Res,291:479-84.

Berridge (2007): "Inositol trisphosphate and calcium oscillations, "Biochemical Society symposium, no. 74, pp. 1-7.

Berridge, M. D. Bootman, andH. L. Roderick, (2003): Calcium signalling: dynamics, homeostasis and remodelling", Nature Reviews Molecular Cell Biology, vol.4, no.7, 517-529.

Bhattacharya, S., Large, E., Heizmann, C. W., Hemmings, B. e Chazin, W. J. (2003): Structure of the Ca2+/S100B/NDR kinase peptide complex: insights into S100 target specificity and activation of the kinase. Biochemistry 42, 14416-14426.

Bjornland K, Winberg JO, Odegaard OT, Hovig E, Loennechen T, Aasen AO, Fodstad O e Maelandsmo GM.(1999): S100A4 involvement in metastasis: deregulation of matrix metalloproteinases and tissue inhibitors of matrix metalloproteinases in osteosarcoma cells trans- Fected with an anti-S100A4 ribozyme. Cancer Res. 59: 4702-4708.

Bonfrer JM, Korse CM, Nieweg OE, Rankin EM (1998): The luminescence immunoassay S-100: a sensitive test to measure circulating S-100B: its prognostic value in malignant melanoma. Br J Cancer,77:2210-4.

Boussard CN, Lundin A, Karlstedt D, Edman G, Bartfai A, Borg J (2005): S100 and cognitive impairment after mild traumatic brain injury. J Rehabil Med, 37: 53-57.

Bowers RR, Manevich Y, Townsend DM, Tew KD. (2012): A interação redox sensível à sulfiredoxina com S100A4 e a miosina IIA não muscular regula a motilidade das células cancerígenas. Biochemistry. 51:7740- 7754.

Boye K, Grotterod I, Aasheim HC, Hovig E e Maelandsmo GM. (2008): Ativação de NF-kappaB por S100A4 extracelular: análise dos mecanismos de transdução de sinal e identificação de genes alvo. Int J Cancer.123: 1301-1310.

Bresnick AR, Weber DJ, e Zimmer DB. (2015): Proteínas S100 no cancro. Nat Rev Cancer. 15(2): 96-109.

Broome, D. Ryan, R.L. Eckert (2003): S100 protein subcellular localization during epidermal differentiation and psoriasis, J. Histochem. Cytochem. 51: 675-685.

Bulk E, Sargin B, Krug U, Hascher A, Jun Y, Knop M, Kerkhoff C, Gerke V, Liersch R, Mesters RM, Hotfilder M, Marra A, Koschmieder S, Dugas M, Berdel WE, Serve H e Muller-Tidow C. (2009): S100A2 induz metástases no cancro do pulmão de células não pequenas. Clin Cancer Res. 15: 22-29.

Businaro R., Leone S., Fabrizi C., Sorci G., Donato R., Lauro G.M., Fumagalli L (2006): S100B protege as células de neuroblastoma LAN-5 contra a neurotoxicidade induzida por Aβ amiloide via envolvimento de RAGE em baixas doses, mas aumenta a neurotoxicidade de Aβ amiloide em altas doses. J. Neurosci. Res. 83: 897-906.

Cao LY, Yin Y, Li H, Jiang Y e Zhang HF. (2009): Expressão e significado clínico de S100A2 e p63 no carcinoma esofágico. World J Gastroenterol . 15: 4183-4188.

Carrier M, Denault A, Lavoie J, Perrault LP (2006): Randomized controlled trial of pericardial blood processing with a cell-saving device on neurologic markers in elderly patients undergoing coronary artery bypass graft surgery. Ann Thorac Surg, 82:51-55.

Celis JE, Rasmussen HH, Vorum H, Madsen P, Honore B, Wolf H, Orntoft TF (1996): Os carcinomas de células escamosas da bexiga expressam psoriasina e externalizam-na para a urina. J Urol, 155:2105-2112.

Chen H, Chengshan X, Qing'e J, Zhihua L. (2014): Família de proteínas S100 no cancro humano. Am J Cancer Res. 4(2):89-115.

Chen H, Ma J, Sunkel B, Luo A, Ding F, Li Y, He H, Zhang S, Xu C, Jin Q, Wang Q e Liu Z. (2013): S100A14: Novo Modulador de Diferenciação Terminal em Câncer de Esôfago. Mol Cancer Res. 11: 1542-1553.

Chen H, Yuan Y, Zhang C, Luo A, Ding F, Ma J, Yang S, Tian Y, Tong T, Zhan Q e Liu Z. (2012): Envolvimento da proteína S100A14 na invasão celular, afetando a expressão e a função da metaloproteinase da matriz (MMP) -2 via regulação transcricional dependente de p53. J Biol Chem. 287: 17109-17119.

Cho YG, Nam SW, Kim TY (2003): Overexpression of S100A4 is closely related to the aggressiveness of gastric cancer. Apmis, 111:539-45.

Claus W. Heizmann e Günter Fritz (2010): A Família de Proteínas de Sinalização Celular S100, Transmissão PARTE-II: Efectores e Eventos Citosólicos. Alemanha: pp. 983993.

Claus W. Heizmann, Günter Fritz e Beat W. Schafer (2002): Proteínas S100: Estrutura, Funções e Patologia. Frontiers in Bioscience 7, d1356-1368.

Cochran AJ, Wen DR, Herschman HR, Gaynor RB. (1982): Detection of S-100 protein as an aid to the identification of melanocytic tumors. Int J Cancer, 30:295-7.

Cross SS, Hamdy FC, Deloulme JC, Rehman I. (2005): Expressão das proteínas S100 em tecidos humanos normais e cancros comuns utilizando microarrays de tecidos: S100A6, S100A8, S100A9 e S100A11 estão todas sobre-expressas em cancros comuns. Histopathology, 46:256-69.

Danna B. Zimmer1 e David J.Weber (2010): The Calcium-Dependent Interaction of S100B with Its Protein Targets, Cardiovascular Psychiatry and Neurology.

Davey GE, Murmann P, Heizmann CW (2001): Os níveis intracelulares de Ca^{2+} e Zn^{2+} regulam a secreção de S100B dependente da densidade celular alternativa em células de glioblastoma humano. J Biol Chem, 276:30,819-26.

Davies BR, O'Donnell M, Durkan GC (2002): Expression of S100A4 protein is associated with metastasis and reduced survival in human bladder cancer.J Pathol,196:292-9.

Donato R, (1986): Proteínas S-100. Cell Calcium **7**, 123-145.

Donato R, (1999): "Functional roles of S100 proteins, calciumbinding proteins of the EF-hand type," Biochimica et Biophysica Ata, vol. 1450, no. 3, pp. 191-231.

Donato R, (2001): S100: a multigenic family of calcium-modulated proteins of the EF-hand type with intracellular and extracellular functional roles, Int J Biochem Cell Biol,33:637-68.

Donato R, (2007): "RAGE: um único recetor para vários ligandos e diferentes respostas celulares: o caso de certas proteínas S100," Current Mol Med, 7: 711-724.

Donato R, Cannon BR, Sorci G, Riuzzi F, Hsu K, Weber DJ, Geczy CL.**(2013):** Funções das proteínas S100. Curr. Mol. Med. 13:24-57.

Donato R, G. Sorci, F. Riuzzi (2009): "S100B's double life: intracellular regulator and extracellular signal," Biochimica et Biophysica Ata, vol. 1793, no. 6, pp. 10081022.

Eckert RL, Broome A-M, Ruse M, Robinson N, Ryan D, Lee K (2004): S100 proteins in the epidermis. J Invest Dermatol, 123:23-33.

Ehlermann P, Remppis A, Guddat O (2000): Upregulation do ventrículo direito da proteína de ligação ao Ca(2+) S100A1 na hipertensão pulmonar crónica. Biochim Biophys Ata,1500: 249-255.

Ehrchen JM, Sunderkotter C, Foell D, Vogl T & Roth J (2009): The endogenous Toll-like recetor 4 agonist S100A8/S100A9 (calprotectin) as innate amplifier of infection, autoimmunity, & cancer.J Leukoc Biol 86,557-566,doi:jlb.1008647[pii] 10.1189/jlb.1008647.

Ellis EF, Willoughby KA, Sparks SA, Chen T (2007): A proteína S100B é libertada de neurónios neonatais de rato, astrócitos e microglia por trauma in vitro e o anti-S100 aumenta a lesão neuronal retardada induzida por trauma e anula o efeito protetor da S100B exógena nos neurónios. J Neurochem, 101: 1463-1470.

El-Rifai W, Moskaluk CA, Abdrabbo MK (2002): Gastric cancers overexpress S100A calcium-binding proteins. Cancer Res, 62: 6823-6826.

Emberley ED, Niu Y, Leygue E (2003): Psoriasin interage com Jab1 e influencia a progressão do cancro da mama. Cancer Res,63: 1954-61.

Engelkamp, B. W. Schafer, M. G. Mattei, P. Erne, e C. W. Heizmann (1993): "Six S100 genes are clustered on human chromosome 1q21: identification of two genes coding for the two previously unreported calcium-binding proteins S100D and S100E," Proceedings of the National Academy of Sciences of the United States of America..14: 6547-51.

Ettinger, A., A.B. Laumark, R.M. Ostroff, J. Brundell, W.A. Baumgartner & A.Y. Razumovsky (1999): Um novo imunoensaio ótico para a deteção da proteína S100B no sangue total. Society Thoracic Surgeons 68, 2196-2201.

Faries MB, Gupta RK, Ye X (2007): A Comparison of 3 tumor markers (MIA, TA90IC, S100B) in stage III melanoma patients. Cancer Invest, 25: 285-293.

Foell, H. Wittkowski, I. Hammerschmidt, N. Wulffraat, H. Schmeling, M. Frosch, G. Horneff, W. Kuis, C. Sorg, J. Roth (2004): Monitoring neutrophil activation in juvenile rheumatoid arthritis by S100A12 serum concentrations, Arthritis Rheum. 50: 1286-1295.

Fritz, C.W. Heizmann (2004): Estruturas 3D das proteínas S100 de ligação ao cálcio e ao zinco, em: A. Messerschmidt, W. Bode, W. Cygler (Eds.), Handbook of Metalloproteins, Wiley,Chichester, pp. 529-540.

Fritz, P.R. Mittl, M. Vasak, M.G. Gru" tter, C.W. Heizmann (2002): A estrutura cristalina da proteína EF-hand humana livre de metal S100A3 com resolução de 1,7-A, J. Biol. Chem. 277, 33092-33098.

Frizzo, F. Tramontina, E. Bortoli (2004): "S100B-mediated inhibition of the phosphorylation of GFAP is prevented by TRTK-12," Neurochemical Research, vol. 29, no. 4, pp. 735-740.

Gerlach R, Demel G, Konig HG (2006): Active secretion of S100B from astrocytes during metabolic stress. Neuroscience, 141: 1697-1701.

Ghavami S, Eshragi M, Ande SR, Chazin WJ, Klonisch T, Halayko AJ, McNeill KD, Hashemi M, Kerkhoff C e Los M. (2010): S100A8/A9 induz autofagia e apoptose via ROS-mediated cross-talk entre mitocôndrias e lisossomas que envolve BNIP3. Cell Res. 20: 314-331.

Ghavami S, Kerkhoff C, Chazin WJ, Kadkhoda K, Xiao W, Zuse A, Hashemi M, Eshraghi M, Schulze-Osthoff K, Klonisch T e Los M. (2008): S100A8/9 induz a morte celular através de uma nova via independente de RAGE que envolve a libertação selectiva de Smac/DIABLO e Omi/HtrA2. Biochim Biophys Ata 2008; 1783: 297311.

Ghavami S, Kerkhoff C, Los M, Hashemi M, Sorg C e Karami-Tehrani F. (2004): Mechanism of apoptosis induced by S100A8/A9 in colon cancer cell lines: the role of ROS and the effect of metal ions. J Leukoc Biol 2004; 76: 169-175.

Grigorian M, Ambartsumian N, Lykkesfeldt AE, Bastholm L, Elling F, Georgiev G e Lukanidin E. (1996): Efeito da expressão de mts1 (S100A4) na progressão de células de cancro da mama humano. Int J Cancer. 67: 831-841.

Grigorian M, Andresen S, Tulchinsky E (2001): A proteína supressora de tumores p53 é um novo alvo para a proteína Mts1/S100A4 associada a metástases: consequências funcionais da sua interação. J Biol Chem, 276:22699-708.

Grotterod I, Maelandsmo GM e Boye K. (2010): Mecanismos de transdução de sinal envolvidos na ativação do fator de transcrição NF-kappaB induzida por S100A4. BMC Cancer.10: 241.

Guglielmo Sorci , Francesca Riuzzi, Cataldo Arcuri, Roberta Bianchi, Flora Brozzi, Claudia Tubaro, Ileana Giambanco, Rosario Donato (2010): As muitas faces da proteína S100B: quando um fator extracelular inativa seu próprio recetor e ativa outro. Jornal Italiano de Anatomia e Embriologia; vol . 115, n. 1/2: 147-151.

Hamberg AP, Korse CM, Bonfrer JMG, de Gast GC. (2003): Serum S 100B is suitable for prediction and monitoring of response to chemoimmunotherapy in metastatic malignant melanoma. Melanoma Res, 13:45-9.

Hanahan D e Weinberg RA. (2011): Hallmarks do cancro: a próxima geração. Cell . 144: 646-674.

Harris MA, Yang H, Low BE, Mukherjee J, Guha A, Bronson RT, Shultz LD, Israel MA e Yun K. (2008): Cancer stem cells are enriched in the side population cells in a mouse model of glioma. Cancer Res. 68: 10051-10059.

Hauschild A, Engel G, Brenner W (1999): Predictive value of serum S 100B for monitoring patients with metastatic melanoma during chemotherapy and/or immunotherapy. Br J Dermatol,140:1065- 71.

Heizmann CW (2004): S100B protein in clinical diagnostics: assay specificity. Clin Chem, 50:249-51.

Hermani A, De Servi B, Medunjanin S, Tessier PA, Mayer D. (2006): S100A8 e S100A9 activam as vias de sinalização MAP quinase e NF-kappaB e desencadeiam a translocação de RAGE em células cancerosas da próstata humana. Exp Cell Res, 312:184-97.

Hiratsuka S, Watanabe A, Aburatani H, Maru Y. (2006): Tumor-mediated upregulation of chemoattractants and recruitment of myeloid cells predetermines lung metastasis. Nat Cell Biol, 8:1369-75.

Hiratsuka S, Watanabe A, Sakurai Y, Akashi-Takamura S, Ishibashi S, Miyake

K, Huttunen HJ, Kuja-Panula J, Sorci G, Agneletti AL, Donato R, Rauvala H. (2000): Coregulation of neurite outgrowth and cell survival by amphoterin and S100 proteins through recetor for advanced glycation end products(RAGE) activation.J Biol Chem,275:40,96-105.

Hofmann, S. Drury, C. Fu, W. Qu, A. Taguchi, Y. Lu, C. Avila, N. Kambham, A. Bierhaus, P. Nawroth, M.F. Neurath, T. Slattery, D. Beach, J. McClary, M. Nagashima, J. Morser, D. Stern, A.M. Schmidt (1999): RAGE mediates a novel proinflammatory axis: a central cell surface recetor for S100/calgranulin polypeptides, Cell 97, 889-901.

Hoyaux, C. Decaestecker, C.W. Heizmann, T. Vogl, B.W.Scha'Ter, I. Salmon, R. Kiss, R. Pochet (2000): S100 proteins in corpora amylacea from normal human brain(1) [In Process Citation], Brain Res. 867: 280-288.

Hsu SY, Kaipia A, Zhu L e Hsueh AJ. (1997): Interferência da apoptose induzida por BAD (promotor de morte associado a Bcl- xL/Bcl-2) em células de mamíferos pelas isoformas 14-33 e P11. Mol Endocrinol. 11: 1858-1867.

Hua Z, Chen J, Sun B, Zhao G, Zhang Y, Fong Y, Jia Z e Yao L. (2011): Expressão específica de osteopontina e S100A6 no carcinoma hepatocelular. Surgery. 149: 783-791.

Ingo Marenholza, Claus W. Heizmanna, Gu'nter Fritzb ((2004): S100 proteins in mouse and man: from evolution to function and pathology (including an update of the nomenclature) Biochemical and Biophysical Research Communications, 322:11111122.

Jassem E, Serkies K, Dziadziuszko R(2006): Prognostic value of S-100 immunostaining in tumour cells of non-small cell lung cancer. Biomarkers, 11: 262269.

Jin Q, Chen H, Luo A, Ding F e Liu Z.(2011): S100A14 estimula a proliferação celular e induz a apoptose celular em diferentes concentrações através do recetor de produtos finais de glicação avançada (RAGE). PLoS One. 6: e19375.

Joo JH, Yoon SY, Kim JH, Paik SG, Min SR, Lim JS, Choe IS, Choi I e Kim JW. (2008): 100A6 (calcyclin) aumenta a sensibilidade à apoptose através da regulação positiva da atividade da caspase-3 nas células Hep3B. J Cell Biochem. 103: 11831197.

Jury CS, McAllister EJ, MacKie RM. (2000): Rising levels of serum S 100 protein precede outras evidências de progressão da doença em pacientes com melanoma maligno. Br J Dermatol, 143:269- 74.

Ka'rnell R, von Schoultz E, Hansson LO, Nilsson B, Arstrand K, Kagedal B. (1997): Proteína S100B, 5-S-cisteinildopa e 6-hidroxi-5-metoxiindole-2- como marcadores bioquímicos para o prognóstico de sobrevivência em doentes com melanoma maligno. Melanoma Res,7: 393-9.

Kataoka K, Ono T, Murata H, Morishita M, Yamamoto KI, Sakaguchi M e Huh NH. (2012): S100A7 promove a migração e invasão de células de osteossarcoma através do recetor para produtos finais de glicação avançada. Oncol Lett. 3: 1149-1153.

Kennedy RD, Gorski JJ, Quinn JE (2005): BRCA1 e c-Myc associam-se para reprimir transcritivamente a psoriasina, um gene induzido por danos no ADN. Cancer Res x, 65:10265-72.

Kerkhoff, M. Klempt, e C. Sorg (1998): "Novel insights into structure and function of MRP8 (S100A8) and MRP14 (S100A9)," Biochimica et Biophysica Ata, vol. 1448, no. 2, pp. 200-211.

Kilby, L. J. Van Eldik, e G. C. K. Roberts (1997): Identification of the binding site on S100B protein for the actin capping protein CapZ, Protein Science, vol.6(12): 2494-2503.

Kimura K, Endo Y, Yonemura Y (2000): Clinical significance of S100A4 and E-cadherin-related adhesion molecules in non-small cell lung cancer. Int J Oncol, 16:1125-31.

Kiryushko D, Novitskaya V, Soroka V, Klingelhofer J, Lukanidin E, Berezin V, Bock E. (2006): Mecanismos moleculares de sinalização de $Ca(2^{+})$ em neurónios induzidos pela proteína S100A4. Mol Cell Biol, 26:3625-38.

Kligman e D. R. Marshak (1985): "Purification and characterization of a neurite extension fator from bovine brain," Proceedings of the National Academy of Sciences of the United States of America, vol. 82, no. 20, pp. 7136-7139.

Kong JP, Ding F, Zhou CN, Wang XQ, Miao XP, Wu M e Liu ZH. (2004): A perda de expressão das proteínas 8 e 14 relacionadas com a mieloide no carcinoma espinocelular do esófago humano correlaciona-se com uma fraca diferenciação. World J Gastroenterol.10: 1093-1097.

Korfias S, Stranjalis G, Papadimitriou A. (2006): A proteína sérica S-100B como marcador bioquímico de lesão cerebral: uma revisão dos conceitos actuais.Curr Med Chem;13: 3719-31.

Korndorfer IP, Brueckner F, Skerra A. (2007): A estrutura cristalina do heterotetrâmero humano (S100A8/S100A9)2, calprotectina, ilustra como as alterações conformacionais das alfa-hélices em interação podem determinar a associação específica de duas proteínas de mão EF. J Mol Biol,370:887-98.

Kra "hn G, Kaskel P, Sander S. (2001): O S 100 beta é um marcador tumoral mais fiável no sangue periférico de doentes com metástases de melanoma recentes, em comparação com o MIA, a albumina e a lactato-desidrogenase. Anticancer Res,21:1311 -6.

Kriajevska M, Fischer-Larsen M, Moertz E, Vorm O, Tulchinsky E, Grigorian M, Ambartsumian N e Lukanidin E. (2002): Liprin beta 1a membro da família de proteínas de interação com tirosina fosfatase trans-membranar LAR, é um novo alvo para a proteína associada a metástases S100A4 (Mts1). J Biol Chem. 277: 52295235.

Krop I, Marz A, Carlsson H. (2005): A putative role for psoriasin in breast tumor progression. Cancer Res, 65:11326-34.

Kursula, V.-P. Lehto, e A. M. Heape (2000): "*S100β* inhibits the phosphorylation of the L-MAG cytoplasmic domain by PKA" Molecular Brain Research,vol.76, no.2,pp407-410

Kwon CH, Moon HJ, Park HJ, Choi JH e Park do Y. (2013): S100A8 e S100A9 promove a invasão e migração através da ativação de NF-kappaB dependente de proteína quinase activada por mitogénio p38 em células de cancro gástrico. Mol Cells.35:226-234

Kwon M, Caplan JF, Filipenko NR, Choi KS, Fitzpatrick SL, Zhang L e Waisman DM. (2002): Identification of annexin II heterotetramer as a plasmin reductase. J Biol Chem. 277: 10903-10911.

Leclerc E, Fritz G, Weibel M, Heizmann CW e Galichet A. (2007): S100B e S100A6 modulam diferencialmente a sobrevivência celular através da interação com domínios distintos de imunoglobulina RAGE (recetor para produtos finais de glicação avançada). J Biol Chem. 282: 31317-31331.

Leclerc, G. Fritz, S. W. Vetter e C. W. Heizmann (2009): "Binding of S100 proteins to RAGE: an update," Biochimica et Biophysica Ata, vol.1793, no. 6, pp.993-1007.

Leth-Larsen R, Terp MG, Christensen AG, Elias D, Kuhlwein T, Jensen ON, Petersen OW e Ditzel HJ. (2012): A heterogeneidade funcional dentro do compartimento de células estaminais de cancro da mama humano CD44 elevado revela uma assinatura genética preditiva de metástases distantes. Mol Med.18: 1109-1121.

Leukert N, Vogl T, Strupat K, Reichelt R, Sorg C, Roth J. (2006): A formação de tetrâmero dependente de cálcio de S100A8 e S100A9 é essencial para a atividade biológica. J Mol Biol, 359:961-72.

Li G, Gentil-Perret A, Lambert C, Genin C, Tostain J. (2005): Expressões dos genes S100A1 e KIT em subtipos comuns de tumores renais. Eur J Surg Oncol, 31: 299303.

Li Y, Wang J, Sheng JG (1998): S100 b aumenta os níveis da proteína precursora b-amiloide e do seu ARNm codificador em culturas neuronais de ratos. J Neurochem, 71: 14211428.

Li ZH, Bresnick AR (2006): O fator de metástase S100A4 regula a motilidade celular através de uma interação direta com a miosina-IIA. Cancer Res, 66:5173-80.

Li ZH, Spektor A, Varlamova O, Bresnick AR (2003): Mts1 regula a montagem de miosina-IIA não muscular. Biochemistry, 42:14258-66.

Liliana Santamaria-Kisiel, Anne C. Rintala-Dempsey e Gary S. Shaw (2006): Interações dependentes e independentes do cálcio da família de proteínas S100. Biochem. J.396, 201-214

Liriano MA, et al. (2012): A ligação do alvo a S100B reduz as propriedades dinâmicas e aumenta a afinidade de ligação de Ca $^{2+}$ para proteínas de tipo selvagem e mutantes EF-hand. J. Mol. Biol. 423:365-385.

Lloyd BH, Platt-Higgins A, Rudland PS e Barraclough R. (1998): Human S100A4 (p9Ka) induz o fenótipo metastático em células tumorais benignas. Oncogene.17: 465-473.

Lo JF, Yu CC, Chiou SH, Huang CY, Jan CI, Lin SC, Liu CJ, Hu WY e Yu YH. (2011): O mediador da transição epitelial-mesenquimal S100A4 mantém as células iniciadoras de cancro nos cancros da cabeça e do pescoço. Cancer Res. 71: 19121923.

Loser K, Vogl T, Voskort M, Lueken A, Kupas V, Nacken W, Klenner L, Kuhn A, Foell Ikura (1996): "Calcium binding and conformational response in EF-hand proteins," Trends in Biochemical Sciences, vol. 21, no.1, pp. 14-17.

Luu HH, Zhou L, Haydon RC, Deyrup AT, Montag AG, Huo D, Heck R, Heizmann CW, Peabody TD, Simon MA e He TC. (2005): O aumento da expressão de S100A6 está associado a uma diminuição das metástases e à inibição da migração celular e do crescimento independente da ancoragem no osteossarcoma humano. Cancer Lett. 229:135-148.

M. Ikura (1996): Calcium binding and conformational response in EF-hand proteins," Trends in Biochemical Sciences, vol. 21, no.1, pp. 14-17.

Madsen P, Rasmussen HH, Leffers H, Honore B, Dejgaard K, Olsen E, Kiil J, Walbum E, Andersen AH, Basse B (1991): Molecular cloning, occurrence, and expression of a novel partially secreted protein 'psoriasin' that is highly up-regulated in psoriatic skin. J Invest Dermatol, 97:701-712.

Mahon PC, Baril P, Bhakta V, Chelala C, Caulee K, Harada T e Lemoine NR. (2007): S100A4 contribui para a supressão da expressão de BNIP3, quimiorresistência e inibição da apoptose no cancro do pâncreas. Cancer Res. 67: 6786-6795.

Makino E, Sakaguchi M, Iwatsuki K e Huh NH. (2004): A introdução de um péptido N-terminal de S100C/A11 em células humanas induz a morte celular apoptótica. J Mol Med (Berl). 82: 612-620.

Mandinova, D. Atar, B.W. Scha"fer, M. Spiess, U. Aebi, C.W. Heizmann (1998): Distinct subcellular localization of calcium binding S100 proteins in human smooth muscle cells and their relocation in response to rises in intracellular calcium, J.Cell Sci.111, 2043-54.

Marenholz I, Heinzman CW, Fritz G.(2004): A proteína S100 no rato e no homem: da evolução à função e à patologia. Biochem Biophys Res Commun; 322: 1111-1122.

Marks A, Petsche D, O'Hanlon D (1990): S 100 protein expression in human melanoma cells, comparison of levels of expression among different cell lines and individual cells in different phases of the cell cycle. Exp Cell Res, 187:59- 64.

Mathisen B, Lindstad RI, Hansen J (2003): S100A4 regula a ativação induzida pela membrana da metaloproteinase-2 da matriz em células de osteossarcoma.Clin Exp Metastasis,20:701-11.

Matsuura I, Lai CY e Chiang KN. (2010): Interação funcional entre Smad3 e S100A4 (metastatina-1) para a invasividade das células cancerígenas mediada por TGF-beta. Biochem J. 426: 327-335.

May CD, Sphyris N, Evans KW, Werden SJ, Guo W e Mani SA. (2011): Epithelial-mesenchymal transition and cancer stem cells: a dangerousously dynamic duo in breast cancer progression. Breast Cancer Res.13: 202.

Memon AA, Sorensen BS, Meldgaard P, Fokdal L, Thykjaer T, Nexo E. (2005): Down-regulation of S100C is associated with bladder cancer progression and poor survival. Clin Cancer Res, 11: 606-11.

Mischke D, Korge BP, Marenholz I, Volz A e Ziegler A. (1996): Os genes que codificam as proteínas estruturais da cornificação epidérmica e as proteínas de ligação ao cálcio S100 formam um complexo genético ("complexo de diferenciação epidérmica") no cromossoma humano 1q21. J Invest Dermatol. 106: 989-992.

Monea S, Lehti K, Keski-Oja J e Mignatti P. (2002): A plasmina ativa a promatriz metaloproteinase-2 com um mecanismo dependente da metaloproteína de matriz tipo 1 da membrana. J Cell Physiol. 192: 160-170.

Moore BW. (1965): Uma proteína solúvel caraterística do sistema nervoso. Biochem Biophys Res Commun,19:739-44.

Morbini P, Villa C, Campo I, Zorzetto M, Inghilleri S, Luisetti M (2006): O recetor de produtos finais de glicação avançada e os seus ligandos: uma nova via inflamatória na doença pulmonar? Mod Pathol, 19: 1437-1445.

Moroz, A.A. Antson, E.J. Dodson, H.J. Burrell, S.J. Grist, R.M. Lloyd, N.J. Maitland, G.G. Dodson, K.S. Wilson, E. Lukanidin, I.B. Bronstein (2002): The structure of S100A12 in a hexameric form and its proposed role in recetor signalling, Ata Crystallogr. D Biol. Crystallogr. 58, 407-413.

Most P, Boerries M, Eicher C, (2003): A proteína extracelular S100A1 inibe a apoptose em cardiomiócitos ventriculares através da ativação da proteína quinase 1/2 regulada por sinal extracelular (ERK1/2). J Biol Chem, 278: 48404-48412.

Mueller A, Schafer BW, Ferrari S, (2005): A proteína de ligação ao cálcio S100A2 interage com p53 e modula a sua atividade transcricional. J Biol Chem, 280:29186-93.

Mulligan KT, Walker RA, Hart IR, Jones JL. (2005): The role of S100A9 in mediating the breast myoepithelial tumor-suppressor effect. J Pathol, 207:27A.

Nacken W, Mooren FC, Manitz MP, Bond G, Sorg C, Kerkhoff C (2005):
A deficiência de S100A9 altera a sinalização do cálcio induzida pela adenosina-5'-trifosfato, mas não interfere, em geral, com a homeostase do cálcio e do zinco nos neutrófilos murinos. Int J Biochem Cell Biol, 37: 1241-1253.

Nathan T. Wright, Brian R. Cannon, Danna B. Zimmer, e David J. Weber (2009): S100A1: Estrutura, Função e Potencial Terapêutico, Curr Chem Biol.1; 3(2): 138-145.

Naz S, Bashir M, Ranganathan P, Bodapati P, Santosh V e Kondaiah P. (2014): Ações protumorigênicas de S100A2 envolvem regulação da sinalização PI3/Akt e interação funcional com Smad3.Carcinogenesis. 35: 14-23.

Nedjadi T, Kitteringham N, Campbell F, Jenkins RE, Park BK, Navarro P, Ashcroft F, Tepikin A, Neoptolemos JP e Costello E. (2009): S100A6 liga-se à anexina 2 em células de cancro do pâncreas e promove a motilidade das células de cancro do pâncreas. Br J Cancer. 101: 1145-1154.

Netto CB, Conte S, Leite MC, (2006): A proteína S100B sérica está aumentada em ratos em jejum. Arch Med Res, 37: 683-686.

Newton RA, Hogg N. (1998): A proteína S100 humana MRP-14 é um novo ativador da integrina beta 2 Mac-1 nos neutrófilos. J Immunol, 160:1427-35.

Oertel M, Schumacher U, McArthur DL, Kastner S, Boker DK (2006): S-100B e NSE: marcadores do impacto inicial da hemorragia subaracnóidea e sua relação com o vasoespasmo e o resultado. J Clin Neurosci, 13: 834-840.

Ohsie SJ, Sarantopoulos GP, Cochran AJ, Binder SW (2008): Immunohistochemical characteristics of melanoma. J Cutan Pathol, 35: 433-444.

Ohuchida K, Mizumoto K, Miyasaka Y, Yu J, Cui L, Yamaguchi H, Toma H, Takahata S, Sato N, Nagai E, Yamaguchi K, Tsuneyoshi M e Tanaka M. (2007): Over-expression of S100A2 in pancreatic cancer correlates with progression and poor prognosis. J Pathol. 213: 275-282.

Paradisi AB. Guidi, Diociaiuti, AF., Forni D. Scribano, Sisto PL, AmerioR. Capizzi (2007): Aumento dos níveis séricos da proteína S100B na psoríase. J. of Dermatological Science, 48: 148-150.

Parfitt JR, McLean CA, Joseph MG, Streutker CJ, Al-Haddad S, **Driman DK (2006):** Granular cell tumours of the gastrointestinal tract: expression of nestin and clinicopathological evaluation of 11 patients. Histopatologia, 48: 424-430.

Pedersen KB, Andersen K, Fodstad O e Maelandsmo GM. (2004): Sensibilização da apoptose induzida por interferongamma em células de osteossarcoma humano por S100A4 extracelular. BMC Cancer. 4: 52.

Perrin, A.E. Watt (1971): Formação de complexos de zinco e cádmio com glutatião,

Biochim. Biophys. Ata 230, 96-104.

Pfeifer R, Borner A, Krack A, Sigusch HH, Surber R, Figulla HR (2005): Outcome after cardiac arrest: predictive values and limitations of the neuroproteins neuron-specific enolase and protein S-100 and the Glasgow Coma Scale. Resuscitation, 65: 49-55.

Pierce A, Barron N, Linehan R, Ryan E, O'Driscoll L, Daly C e Clynes M.(2008): Identification of a novel, functional role for S100A13 in invasive linhagens celulares de cancro do pulmão. Eur J Cancer. 44: 151-159.

Ponath G, Schettler C, Kaestner F (2007): Os efeitos autócrinos do S100B nos astrócitos são mediados por RAGE. J Neuroimmunol, 184: 214-222.

Rafii S, Lyden D. (2006): S100 chemokines mediate bookmarking of premetastatic niches. Nat Cell Biol, 8:1321-3.

Ramagopal UA, et al. (2013): Estrutura do complexo S100A4 / miosina-IIA. BMC Struct. Biol. 13:31-46.

Rehman I, Azzouzi AR, Cross SS (2004): Dysregulated expression of S100A11 (calgizzarin) in prostate cancer and precursor lesions. Hum Pathol, 35:1385-91.

Rejdak K, Petzold A, Stelmasiak Z, Giovannoni G (2008): Proteínas específicas do cérebro do líquido cefalorraquidiano em relação aos metabolitos do óxido nítrico durante a recaída da esclerose múltipla. Mult Scler,14: 59-66.

Remppis A, Greten T, Schafer BW (1996): Altered expression of the Ca2+-binding protein S100A1 in human cardiomyopathy.Biochim Biophys Ata, 1313: 253-257.

Remppis, S.T. Pleger, P. Most, J. Lindenkamp, P. Ehlermann, C. Schweda, E. Loffler, D. Weichenhan, W. Zimmermann, T. Eschenhagen, W.J. Koch, H.A. Katus (2004): S100A1 gene transfer: a strategy to strengthen engineered cardiac grafts, J. Gene Med. 6: 387-394.

Riikka Harpio e Roland Einarsson (2004): S100 proteins as cancer biomarkers with focus on S100B in malignant melanoma. Clinical Biochemistry 37, 512- 518.

Riuzzi F., Sorci G., Donato R. (2006a) S100B estimula a proliferação de mioblastos e inibe a diferenciação de mioblastos através da estimulação independente de ERK1/2 e da inibição de p38 MAPK. J. Cell. Physiol. 207: 461-470.

Rustandi, D. M. Baldisseri, e D. J.Weber (2000): "Structure of the negative regulatory domain of p53 bound to SlOOB(ee)," Nature Structural Biology, vol. 7, no. 7, pp. 570-574.

Ryckman, K. Vandal, P. Rouleau, M. Talbot, P.A. Tessier (2003): Proinflammatory ctivities of S100: proteins S100A8, S100A9, and S100A8/A9 induce neutrophil chemotaxis and adhesion, J. Immunol. 170: 3233-3242.

Salama, P.S. Malone, F. Mihaimeed, J.L. Jones (2008): A review of the S100 proteins in cancer. EJSO 34, 357e364.

Saleem M, Kweon MH, Johnson JJ (2006): S100A4 acelera a tumorigénese e a invasão do cancro da próstata humano através da regulação transcricional da metaloproteinase 9 da matriz. Proc Natl Acad Sci USA, 103:14825-30.

Sampson, M.K. Fagerhol, C. Sunderkotter, B.E. Golden, P. Richmond, N. Klein, I.Z. Kovar, J.H. Beattie, B. Wolska-Kusnierz, Y. Saito, J. Roth (2002): Hyperzincaemia and hypercalprotec-tinaemia: a new disorder of zinc metabolism, Lancet 360: 1742-1745.

Santamaria-Kisiel L, Rintala-Dempsey AC, Shaw GS. (2006): Calciumdependent and -independent interactions of the S100 protein family. Biochem J; 396: 201-214

Sapkota D, Costea DE, Blo M, Bruland O, Lorens JB, Vasstrand EN e Ibrahim SO. (2012): S100A14 inibe a proliferação de células derivadas de carcinoma oral através de G1-arrest.Oral Oncol. 48: 219-225.

Scaccianoce S, Del Bianco P, Pannitteri G, Passarelli F. (2005): Relação entre o stress e os níveis circulantes da proteína S100B. Brain Res, 1004: 208-211.

Schafer BW, Fritschy JM, Murmann P (2000): Brain S100A5 is a novel calciumzinc-, and copper ion-binding protein of the EFhand superfamily. J Biol Chem, 275:30623-30.

Schmitz C, Brenner W, Henze E, Christophers E, Hauschild A. (2000): Estudo comparativo sobre a utilização clínica da proteína S-100B e MIA (atividade inibidora do melanoma) em doentes com melanoma. Anticancer Res,20:5059- 63.

Schoultz E, Hansson LO, Djureen E (1996): Prognostic value of serum analyses of S-100 beta protein in malignant melanoma. Melanoma Res, 6:133 - 7.

Schutte, B.C., J.D. Carpten, A. Forus, S.G. Gregory, A.Horii & P.S. White (2001): Report of the sixth international workshop on human chromosome 1 mapping.Cytogenet Cell Genet 92, 23-48.

Sedaghat F, Notopoulos A (2008): S100 protein family and its application in clinical practice, Hippokratia 12, 4: 198-204.

Shibuya M, Akira S, Aburatani H & Maru Y (2008): The S100A8-serum amyloid A3-TLR4 paracrine cascade establishes a pre-metastatic phase. Nat Cell Biol 10, 1349-1355, doi: ncb1794 [pii] 10.1038/ncb1794.

Shishibori, Y. Oyama, O. Matsushita, K. Yamashita, H. Furuichi, A. Okabe, H. Maeta, Y. Hata, R. Kobayashi (1999): Três fármacos antialérgicos distintos, amlexanox, cromolyn e tranilast, ligam-se a S100A12 e S100A13 da família de proteínas S100, Biochem.J.338:583-589.

Smith SP, Shaw GS. (1998): A change-in-hand mechanism for S100 signalling. Biochem Cell Biol; 76 (2-3):324-33.

Sorci G., Riuzzi F., Agneletti A.L., Marchetti C., Donato R. (2003): S100B inibe a diferenciação miogénica e a formação de miotubos de uma forma independente de RAGE. Mol. Cell. Biol. 23: 4870-4881.

Sorokin L, et al. (2010): Os ligandos Mrp8 e Mrp14 do recetor 4 do tipo Toll são cruciais para o desenvolvimento de células T CD8+ autoreactivas. Nat med, no prelo.

Stein U, Arlt F, Walther W, Smith J, Waldman T, Harris ED, Mertins SD, Heizmann CW, Allard D, Birchmeier W, Schlag PM e Shoemaker RH. (2006): The metastasis-associated gene S100A4 is a novel target of beta-catenin/T- cell fator signaling in colon cancer. Gastroenterology.131: 1486-1500.

Steiner J, Bernstein HG, Bielau H, et al. (2007): Evidence for a wide extra- astrocytic distribution of S100B in human brain. BMC Neurosci, 8: 2.

Strobel K, Skalsky J, Kalff V (2007): Tumor assessment in advanced melanoma: value of FDG-PET/CT in patients with elevated serum S-100B. Eur J Nucl Med Mol Imaging, 34:1366-1375.

Stulik J, Koupilova K, Osterreicher J (1999): Protein abundance alterations in matched sets of macroscopically normal colon mucosa and colorectal carcinoma. Electrophoresis, 20:3638-46.

Sussmuth SD, Tumani H, Ecker D, Ludolph AC (2003): Amyotrophic lateral sclerosis: disease stage related changes of tau protein and S100 b in cerebrospinal fluid and creatine kinase in serum. Neurosci Lett, 353: 57-60.

Takenaga K, Masuda A (1994): Restauração da organização de feixes de microfilamentos em células NRK transformadas em v-raf após transdução com cDNA da tropomiosina 2. Cancer Lett, 87:47-53.

Takenaga K, Nakanishi H, Wada K (1997): Aumento da expressão de S100A4, um gene associado a metástases, em adenocarcinomas colorrectais humanos.Clin Cancer Res,3:2309-16.

Talbot LJ, Bhattacharya SD e Kuo PC. (2012): Epithelial-mesenchymal transition, the tumor microenvironment, and metastatic behavior of epithelial malignancies. Int J Biochem Mol Biol. 3: 117-136.

Tenen DG. (2003): Disrupção da diferenciação no cancro humano: A LMA mostra o caminho. Nat Rev Cancer . 3: 89-101.

Trocha S, Gupta RK, Morton DL (2002): Marcadores tumorais no melanoma. In: Diamandis EP, Fritsche HA, Lilja H, Chan DW, Schwartz MK, editores. Tumor markers. Physiology, pathobiology, technology & clinical applications1. AACC Press, Washington DC, pp.361-74.

Tsai ST, Jin YT, Tsai WC (2005): S100A2, um potencial marcador de recorrência precoce no cancro oral em fase inicial. Oral Oncol, 41:349-357.

Valastyan S e Weinberg RA. (2011): Metástase tumoral: percepções moleculares e paradigmas em evolução. Cell. 147: 275-292.

Vogl T, Leukert N, Barczyk K, Strupat K, Roth J. (2006): Biophysical characterization of S100A8 and S100A9 in the absence and presence of bivalent cations. Biochim Biophys Ata, 1763:1298-308.

Vos PE, van Gils M, Beems T, Zimmerman C, Verbeek MM (2006): O aumento dos níveis séricos de GFAP e S100 beta, mas não de NSE, após hemorragia subaracnóidea está associado à gravidade clínica. Eur J Neurol, 13: 632-638.

Wang G, Rudland PS, White MR, Barraclough R (2000): Interação in vivo e in vitro da proteína S100 indutora de metástases, S100A4 (p9Ka) com S100A1. J Biol Chem, 275:11141-6.

Weber, DJ.; Rustandi, RR.; Carrier, F.; Zimmer, DB. (2000): Interação de S100B(ee) dimérica com a proteína supressora de tumor: A model for Ca-dependent S100-target protein interactions. Pochet, R., editor. Dordrecht, Países Baixos: Kluwer Academic Publishers.

Whiteman HJ, Weeks ME, Dowen SE, Barry S, Timms JF, Lemoine NR e Crnogorac-Jurcevic T. (2007): O papel da S100P na invasão de células cancerosas pancreáticas é mediado por alterações do citoesqueleto e pela regulação da catepsina D. Cancer Res. 67: 8633-8642.

Wicki R, C. Franz, F.A. Scholl, C.W. Heizmann, B.W. Schafer (1997): A repressão do gene candidato a supressor de tumor S100A2 no cancro da mama é mediada por hipermetilação específica do local, Cell Calcium 22, 243-254.

Wolf R, A. Mirmohammadsadegh, M. Walz, B. Lysa, U. Tartler, R. Remus, U. Hengge, G. Michel, T. Ruzicka (2003): Molecular cloning and characterization of alternatively spliced mRNA isoforms from psoriatic skin encoding a novel member of the S100 family, Faseb. J. 17, 1969-1971.

Wright NT, Varney KM, Ellis KC (2005): A estrutura tridimensional da solução de Ca(2+)-bound S100A1 determinada por espetroscopia NMR. J Mol Biol ;353(2):410-26.

Xiao MB, Jiang F, Ni WK, Chen BY, Lu CH, Li XY e Ni RZ. (2012): A alta expressão de S100A11 no adenocarcinoma pancreático é um marcador prognóstico desfavorável. Med Oncol. 29: 1886-1891.

Yang X, Popescu NC e Zimonjic DB. (2011): A interação de DLC1 com S100A10 medeia a inibição da invasão celular in vitro e a tumorigenicidade de células de cancro do pulmão através de um mecanismo independente de RhoGAP. Cancer Res. 71: 29162925.

Ye L, Sun PH, Martin TA, Sanders AJ, Mason MD e Jiang WG. (2013): A psoriasina (S100A7) é um regulador positivo da sobrevivência e invasão de células de cancro da próstata. Urol Oncol. 31: 1576-1583.

Yong HY, Moon A. (2007): Roles of calcium-binding proteins, S100A8 and S100A9, in invasive phenotype of human gastric cancer cells. Arch Pharm Res, 30:75-81.

Yu WH, Fraser PE (2001): A interação de S100b com tau é promovida pelo zinco e inibida pela hiperfosforilação na doença de Alzheimer. J Neurosci, 21: 22402246.

Zhang HY, Zheng XZ, Wang XH, Xuan XY, Wang F e Li SS. (2012): Invasão celular mediada por S100A4 e metástase de carcinoma de células escamosas esofágico através da regulação da atividade de MMP-2 e E-caderina. Mol Biol Rep. 39: 199-208.

Zhang, H., Wang, G., Ding, Y., Wang, Z., Barraclough, R., Rudland, P. S., Fernig, D. G.e Rao, Z. (2003): A estrutura cristalina com resolução de 2A° da proteína de ligação a Ca2+ S100P. J. Mol. Biol. 325, 785-794.

Zimmer e J. G. Dubuisson (1993): "Identification of an S100 target protein: glycogen phosphorylase," Cell Calcium, vol. 14, no. 4, pp. 323-332.

Zimmer DB, Cornwall EH, Landar A, SongW. (1995): The S100 protein family: history, function, and expression. Brain Res Bull, 37:417-29.

Zissimopoulos A, Karpouzis A, Karaitianos I, Baziotis N, Tselios I, Koutis C (2006): Níveis séricos da proteína S-100b após quatro anos de seguimento de pacientes com melanoma. Hell J Nucl Med, 9:204-7.

Zou M, Al-Baradie RS, Al-Hindi H, Farid NR, Shi Y (2005): S100A4 (Mts1) gene overexpression is associated with invasion and metastasis of papillary thyroid carcinoma. Br J Cancer, 93:1277-84.

MIX
Papier aus verantwortungsvollen Quellen
Paper from responsible sources
FSC® C105338

Printed by Books on Demand GmbH, Norderstedt / Germany